阅读成就思想……

Read to Achieve

治愈系心理学系列

# 焦虑的解药

## 拯救各种担忧、心神不宁和胡思乱想

［美］彼得·博吉诺（Peter Bongiorno）◎著
何　莹◎译　李晓露◎审译

中国人民大学出版社
·北京·

图书在版编目（CIP）数据

焦虑的解药：拯救各种担忧、心神不宁和胡思乱想 / （美）彼得·博吉诺（Peter Bongiorno）著；何莹译 . -- 北京：中国人民大学出版社，2022.1
 ISBN 978-7-300-30020-7

Ⅰ. ①焦… Ⅱ. ①彼… ②何… Ⅲ. ①焦虑－心理调节－通俗读物 Ⅳ. ①B842.6-49

中国版本图书馆CIP数据核字(2021)第249755号

**焦虑的解药：拯救各种担忧、心神不宁和胡思乱想**
［美］彼得·博吉诺（Peter Bongiorno） 著
何 莹 译
李晓露 审译
Jiaolü de Jieyao：Zhengjiu Gezhong Danyou、Xinshenbuning he Husiluanxiang

| 出版发行 | 中国人民大学出版社 | | |
|---|---|---|---|
| 社 址 | 北京中关村大街31号 | 邮政编码 | 100080 |
| 电 话 | 010-62511242（总编室） | 010-62511770（质管部） | |
| | 010-82501766（邮购部） | 010-62514148（门市部） | |
| | 010-62515195（发行公司） | 010-62515275（盗版举报） | |
| 网 址 | http://www.crup.com.cn | | |
| 经 销 | 新华书店 | | |
| 印 刷 | 天津中印联印务有限公司 | | |
| 规 格 | 148mm×210mm 32开本 | 版 次 | 2022年1月第1版 |
| 印 张 | 7.625 插页1 | 印 次 | 2023年7月第3次印刷 |
| 字 数 | 151 000 | 定 价 | 65.00元 |

版权所有　　　侵权必究　　　印装差错　　　负责调换

## 声明

本书并不能替代专业医学的建议。如果你出现了严重的焦虑症状,请联系执业医师,如果你愿意的话,与他见面时可以带上这本书。

# 推荐序

初识作者博吉诺博士是在2017年美国拉斯维加斯举办的世界抗衰老年会上。他是自然疗法医师，也是这次会议的主讲嘉宾。他做了一个有关抑郁症和情绪疾病的非药物自然整体疗愈的讲座，他提出了与传统医学治疗情绪疾病截然不同的思维和理念，即情绪问题不仅仅是大脑化学物质的失衡，更是与饮食、生活习惯、压力、肠道问题及营养素缺乏有关。他提议通过寻找疾病的根源和了解发病的机理，来建立健康的生活方式，重建生化、生理平衡，为机体创造自愈能力，从而从根本上解决精神疾病的痛苦。这些新知识让我耳目一新，受益匪浅。在博吉诺博士的签书仪式上，我提出了将他的那本有关抑郁症的书翻译成中文的想法，对此，他表示非常开心，并希望书中曾帮助过美国无数抑郁症患者疗愈的建议也能帮到十几亿中国人，于是他毫不犹豫地答应了！《抑郁的真相》那本书已于2020年6月与中国读者见面。目前，它在中国不但成为抑郁症患者的自我护理手册，而且成为医务工作者治疗情绪疾病的参考书籍。

这次我又受邀审译博吉诺博士的另一本书《焦虑的解药：拯救各

种担忧、心神不宁和胡思乱想》,并为它写推荐序,深感荣幸之至。这下又给广大焦虑症患者带来了摆脱焦虑病魔的福音!能为这本书做审译尽绵薄之力,真是一件非常伟大的事情!

在激烈竞争的现代社会里,个人所承受的心理压力以及社会压力,都会对其心理健康产生很大的影响,因此,社会上患精神、情绪疾病的人数急剧增长。根据世界卫生组织的数据,全球有 3.6%(即约 2.64 亿人)患有焦虑症。大约 62% 的焦虑症患者是女性(1.7 亿人),而男性患者则较少(为 1.05 亿)。中国约有 4100 万人患有焦虑症,占总人口的 4.8%。焦虑症是美国最常见的精神疾病,影响美国 4000 万 18 岁以上的成年人,占总人口的 18.1%。焦虑症会影响一个人的自信心、完成工作或日常学习任务的能力,以及与他人的关系,从而使他的生活陷入混乱。未经治疗的焦虑症还会导致其他精神障碍,例如抑郁症或药物滥用,增加自杀或自伤行为的风险。

博吉诺博士在本书里并没有阐述焦虑症的治疗方法,而是提供了自然缓解焦虑的循序渐进的整体计划。他向读者解释了情绪状态和饮食生活方式是如何影响身心健康的。根据自身多年的临床经验,结合基础研究证据,他为每位读者提供了解决焦虑根源的具体工具和方法,其中包括:快速见效的步骤;压力和睡眠卫生管理;有益的身心运动;用于缓解焦虑的食物、维生素和草药以及顺势疗法;心身疗法;肠道问题调理;戒断药物的策略和具体的相应的检测项目等一整套克服焦虑的治疗方案。他的这套抗焦虑方案已经帮助过成千上万的、无法从传统医疗中获得帮助的美国焦虑症患者,让他们重获生机。如果你正在遭受焦虑病痛的折磨，那么这本书非常值得一读，它会让你远离焦虑的折磨！这本书不但可以让普通大众获益，而且对于专业医师、营养师、健康管理师来说也是非常实用的！

另外，这本书可以帮助到每一位情绪焦虑患者，让他们学会如何自助、自救，成为更健康的自我，让人际关系更加和谐，家庭更加和睦！

最后，非常感谢中国人民大学出版社对我的信任和支持！非常荣幸能为本书做审译！希望本书能真正帮助患者走出情绪困扰的阴影！

李晓露，医学博士
2021 年 11 月 21 日于美国芝加哥

## 译者序

曾经和身边很多人一样,我只知道抑郁症是一种心理疾病,严重时会让患者放弃生命,但对焦虑症缺乏了解,甚至有些不以为意。如果有人对我说他患上了焦虑症,我可能会下意识地觉得他在小题大做,由于认知偏见,在当时的我看来,焦虑症算不上是一种疾病,只是一种情绪,等同于"感到焦虑"。由于知识盲区,有些人把焦虑症和焦虑情绪两个概念混淆了,无法很好地理解焦虑症患者,更别说感同身受了,甚至当自己患上了焦虑症后可能还会以为自己只是"感到焦虑"罢了。

其实焦虑症并不等同于常人所说的焦虑。焦虑是一种情绪感受,如果这种情绪长时间得不到缓解,就有可能演变成焦虑症。焦虑症是一种疾病,常常和抑郁症同时出现。除了心理煎熬,焦虑症患者还会出现一系列痛苦的生理反应,比如头晕头痛、胸口疼痛、心跳过速、极端疲劳等。焦虑症患者身体上的这些异常反应是真实存在的,但当他们因为这些身体上的不舒服而去医院检查时,却往往检查不出来什么。

我的一个朋友曾一度如此,现在看来她当时应该是患上了焦虑症。那个时候她只身在国外攻读博士学位,论文发表的压力、毕业去向迟迟未定、家里催婚越来越频繁,加上签证问题还没有妥善解决,她说她当时经常一个人在实验室待着,明明有很多事情等着她去处理,但她却什么也做不了,心里七上八下,特别混乱,好像有人开着计时器数节拍一样。她有时候会崩溃大哭,失眠严重,胸口闷、痛,耳鸣,脱发严重,总觉得有气无力,一个人的时候就只想躺着,更无心社交。她怀疑自己的身体出了大问题,去一些科室检查但检查不出什么。无奈之下她做了全面的体检,可是各项身体指标都很正常。虽然没有检查出具体原因,但是她反而如释重负,至少她知道自己的身体是健康的。后来我再次联系她时,她已经顺利毕业并找到一份教师的工作,她的状况明显好多了,整个人也恢复了精气神。

焦虑情绪可以通过心理疏导和压力释放得以缓解和消释,但焦虑症的治疗需要从多方面入手。《焦虑的解药》这本书从自然疗法的角度,给出了一个全套的治愈方案。本书内容丰富,作者结合自己多年的临床治疗经验和研究所得,引导焦虑症患者正确认识焦虑症,做好心理准备,从改变想法开始,了解肠道、饮食、激素和焦虑症的关系,激励患者从力所能及的小事着手,比如改善睡眠质量,进行必要的运动锻炼,并"开出"了一些营养保健品的"方子"——多管齐下,帮助患者彻底战胜焦虑症,走出阴霾,重新回归健康愉悦的生活。

尽管不是第一次翻译书籍,但我仍像第一次翻译书籍那样,热情和谨慎丝毫未减。翻译的过程亦是学习的过程,这几年借着翻译的机会，我对心理学的了解和学习也越来越深入，所谓"译学相长"。最后，我想借此机会感谢负责本书的编辑老师们，谢谢你们给予我的信任和包容，感谢在翻译过程中为我提供过帮助的曾仪菲博士、刘彩虹老师和王哲老师，谢谢你们的宝贵建议。

**何莹**
**湖北工业大学**

# 前言

## 你可以做到的

我们每个人都有需要面对和处理的挑战。这本书对我而言很特别,因为它使我和焦虑直面相遇,迎头而上——我认为,焦虑既是我面临的最艰巨的挑战,也是我最强大的同盟。为了自身的健康,直面焦虑将是你我需要共同采取的态度。

当我说焦虑是我最强大的同盟时,你也许会对这个说法感到诧异。但其实没什么好惊讶的,因为事实的确如此。焦虑使我做出了很多人生中所必需的改变,并且我坚信,焦虑也能成为你最强大的同盟和朋友。

你具备所需要的一切条件。

实际上,你拿起本书就说明你已经准备好去面对焦虑并向前推进你的生活了。鼓起勇气、直面问题将是你迈出的最难的一步,但会给你带来最大的回报。相信你可以做到的。

在阅读本书之前，你可能已经读过其他关于焦虑的书籍，甚至看过一两个精神科医生或者心理咨询师，或许你不想接受药物治疗，又或许你已经在服用某些药物了。而且你可能觉得自己永远都无法战胜焦虑——我曾经也是这么想的。但是作为过来人，现在我可以直接告诉你：你能！你不会在焦虑的魔爪下度过余生的。

## 这本书有什么不同

我是一名自然疗法医生。自然疗法医生都倾向于从多个角度来看待健康问题，寻找根本病因，从而提出解决之道。如果引起焦虑的原因比较单一，那么或许你早已弄清楚了，但是实际上，很多因素都在以其独特的方式来影响我们的大脑和身体，它们跟我们的遗传基因相互作用，从而产生被我们称为"焦虑"的症状。不过遗传基因大概只占导致焦虑的所有因素中的30%，那造成焦虑的其他主要因素是什么呢？这些因素可控吗？

这本书汇集了我大约20年的研究成果和11年的临床实践经验，并着眼于所有会导致焦虑的因素，包括生活方式、饮食、睡眠、大脑化学、遗传因素，以及其他因素。在本书中，我将和你一起探讨这些因素，尤其是可控的因素。我会为你设计一个清晰的计划表，从各个角度给出清晰明了的步骤来帮你应对焦虑，在这些步骤的协同作用下，你将真正获得宁静，并被治愈——我知道你很想要这样，而且你也值得这样。此外，我还会分享众多与你有类似经历的人和故事，他们都曾是我的患者，现在已经通过这些方法成功地治愈了焦虑症。你会发现你并不孤独，而且不必再继续忍受焦虑无穷无尽的折磨了，也不用长期服用治疗焦虑症的药物。这些方法效果显著。

总之，我们无法简单地通过单一的某个方面或因素来养成并维持健康的心身状态。正如我初见患者时对他们说的那样，保持健康的心身状态就好比人坐在板凳上，板凳只有依靠几条凳腿和横撑的支撑，才能保持直立，也才不会使坐在上面的人摔下来。当其中一条凳腿或横撑不够有力时，板凳就会摇摇晃晃，无法平稳，人的健康亦如此。如果你想永远摆脱焦虑的困扰，那你需要以下"凳腿"：

- 良好的睡眠；
- 转变思想；
- 营养和激素处于平衡状态；
- 运动锻炼；
- 健康的饮食；
- 健康的消化系统；
- 血糖平衡；
- 心身疗法；
- 营养补充剂。

如图0-1所示，要想不受焦虑的困扰，"板凳"得有四条腿（营养补充剂、饮食、锻炼和睡眠）和四个横撑（心身健康、血糖平衡、消化系统健康良好以及营养和激素水平均衡合理）——这些因素共同支撑维持着健康的思想。

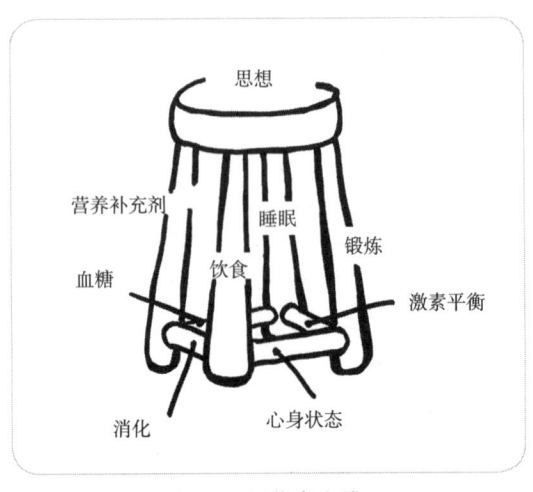

**图 0-1　不焦虑之凳**

凳面标注：思想
凳腿标注：营养补充剂、睡眠、锻炼、血糖、饮食、激素平衡、消化、心身状态

这听起来可能比较复杂，实则不然。这一切都是在培养一种知道什么对你有帮助的意识——包括养成一些对你有用的新习惯——并坚持下去。我向你保证，如果你全面、综合地运用这些方法，你的情绪将会重回稳定的状态并保持平衡。

需要说明的是，这并不是说你每时每刻都要完美地遵从这些意识和习惯。就我而言，也并不是每顿都要吃得很健康（真的，我的内心深处还是一个西西里男孩，会时不时吃一顿美味的意大利面或比萨大餐），偶尔也会有几天不运动，有时也会忘记吃营养补充剂。但我知道，只要我把这些事都记在心里，并且尽我所能去照做，我的身体和大脑就会给予我正面的回馈。即便我有时饮食不健康或者熬夜，它们在短期内也仍能支撑我保持正常的状态，而且我可以随时回到正轨。这个过程使我在与焦虑做斗争的过程中受益良多，同样地，它也会回馈你。

你可以做到的！现在就开始吧！

# 目 录

## 第一章
## 战胜焦虑，从这里开始 // 1

第1步：和医生谈一谈 // 2

第2步：吃不吃抗焦虑药物 // 2

第3步：向他人倾诉 // 5

第4步：检查睡眠 // 5

第5步：活动身体 // 6

第6步：平衡血糖 // 7

第7步：调节心身 // 7

第8步：服用三联补充剂 // 8

第9步：服用抗焦虑营养补充剂 // 8

## 第二章
### 化解引发焦虑的想法 // 11

应激系统：HPA 轴和非稳态负荷 // 14
回到思想上来 // 17
开启"英雄之旅" // 18
改变思想的三个步骤 // 20

## 第三章
### 跟失眠说再见 // 33

九步改善睡眠 // 42
中药助眠 // 52
服用多种补充剂 // 54
最后的睡眠笔记 // 54

## 第四章
### 用运动驱散焦虑 // 57

运动缓解焦虑的作用原理 // 60
有关锻炼能缓解焦虑的实证 // 62
促进海马体生成的运动方案 // 66

## 第五章
### 打造健康的消化道 // 69

焦虑和肠道的联系 // 71
避免便秘困扰的四种做法 // 74
如何让消化道更健康 // 75
最佳情绪食物 // 78
炎症、渗透性肠病与情绪 // 99
维持血糖平衡的重要性 // 110

## 第六章
### 缓解焦虑的七种心身疗法 // 115

接受充足的阳光照射 // 117
与大自然密切接触 // 122
多模式情绪研究视角下的生活方式改变 // 124
进行深呼吸和冥想 // 131
进行瑜伽练习 // 135
试试针灸法 // 137
接受按摩治疗 // 141

## 第七章
## 服用营养补充剂和安全戒药 // 143

复合维生素 // 146

鱼油 // 148

益生菌 // 152

B 族维生素和矿物质 // 154

氨基酸 // 165

抗焦虑类草药 // 177

抗焦虑顺势疗法 // 201

停药策略 // 209

## 第八章
## 向焦虑发起挑战 // 215

第 1 步：把你恐惧的事情罗列出来 // 217

第 2 步：体验恐惧，每次体验一件让你害怕的事 // 219

第 3 步：服用补充剂，以帮助克服恐惧 // 222

# 第一章

# 战胜焦虑，从这里开始

> 今天是全新的一天。
>
> 电影《四眼天鸡》(*Chicken Little*)

也许你现在感觉不怎么舒服，或者已被诊断为广泛性焦虑障碍，或者因焦虑而感到抑郁，又或者患有惊恐障碍——就像我之前一样。你也许正在服药，也许还没开始服药。你想远离焦虑，把焦虑抛之脑后——最好是永远摆脱它。这些我都很能理解。在本章中，我将分享一些能快速见效的方法；而在其他章节中，我将带你更全面地了解引发焦虑的因素并提供解决之道——但如果你是才开始与焦虑做斗争的新手，那就让我们先来看一些能很快让你感觉更舒适的方法。

请先按照下面这些快速见效的步骤去做，然后再按照自己的节奏阅读完本书剩余的部分。

## 第 1 步：和医生谈一谈

对大多数人来说，焦虑"仅仅只是焦虑"罢了。话虽如此，做一个全面的体检总归是有好处的，这样能排除其他可能会加重（甚至是产生）焦虑情绪的因素。医生会为你量血压，确保你的身体机能可以正常地帮你处理这些焦虑情绪。如果有可能，尽可能选择自然疗法医生。

医生可能会建议你做血液检查（详见表 1–1），因为有些特殊的血液检查能够找出引发焦虑情绪的异常情况，比如，某些组织出现问题可能会导致压力荷尔蒙分泌异常。

首先你要做的就是预约体检。我知道光是体检这件事本身可能就会让有些人感到焦虑，但尽管如此，当做完体检后你就会庆幸自己已经去看过医生了。

## 第 2 步：吃不吃抗焦虑药物

当你去看医生并向其描述你的情绪问题时，医生可能会向你推荐抗焦虑药物，或许你已经在服用这些药物了。

如果你已经在服用抗焦虑药物，即使你感觉它没起到明显的效果，也不要贸然停止服用。你可以让医生知道你想尝试自然疗法，不想再服药了（如果你愿意，可以和医生分享这本书）。记住，在没有跟医生沟通的情况下擅自停药是很不安全的，即使是没有患上焦虑症的人在

**血液检测清单**

表 1-1

| 血糖全套检测 / 血细胞计数和综合生化代谢全套检测 | 胆固醇全套检测 | ABO血型与Rh血型检测 | 炎症全套检查 | 检查血液中的铁 | 激素全套检查 | 乳糜泻检查 | 营养素检测 | 基因检测 | 唾液肾上腺检测 | 尿液吡咯检测 | 血液毒素检测 | 其他毒性检测 |
| --- | --- | --- | --- | --- | --- | --- | --- | --- | --- | --- | --- | --- |
| 空腹血糖 | — | — | 同型半胱氨酸 | 铁蛋白 | 促甲状腺激素（TSH） | 抗麦胶蛋白抗体 IgG | 血清肉碱 | 儿茶酚-O-甲基转移酶（COMT） | — | — | 谷氨酰转肽酶（GGT） | 头发分析和尿液分析 |
| 糖化血红蛋白 | — | — | C反应蛋白 | 血清运铁能容（TIBC） | 游离T3、游离T4 | 抗麦胶蛋白抗体 IgM | 血清叶酸 | 基因SNP测试 | — | — | 血清汞 | 霉菌分析检测 |
| 血清胰岛素 | — | — | 全组胺 | 铁转蛋白 | 反T3 | 组织型转谷氨酰胺酶 | 血清维生素 $B_{12}$ | 亚甲基四氢叶酸还原酶（MTHFR）基因检测 | — | — | 血清铅 | — |
| — | — | — | — | 血清铁 | 抗甲状腺过氧化物酶抗体 | 分泌型免疫球蛋白A | 血清二十五羟维生素D | — | — | — | 血清镉 | — |
| — | — | — | — | — | 抗甲状腺球蛋白抗体 | — | 血浆锌 | — | — | — | 血清铝 | — |
| — | — | — | — | — | 甲状旁腺激素（PTH） | — | 血清铜 | — | — | — | — | — |
| — | — | — | — | — | 血清皮质醇 | — | — | — | — | — | — | — |
| — | — | — | — | — | 脱氢表雄酮硫酸脱氢表雄酮 | — | — | — | — | — | — | — |
| — | — | — | — | — | 游离睾酮 | — | — | — | — | — | — | — |
| — | — | — | — | — | 血清唯激素和黄体酮 | — | — | — | — | — | — | — |

连续几个月定期服用这些抗焦虑药物后骤然停药，也会有一段时间因药物戒断而感到不适。

如果你感觉这些药物对你有帮助，那这是好事。你可以在服药的同时结合本书中推荐的治疗方法一起治疗，也许到最后你便不再需要这些药物——当然，这得在医生的指导下停药。

如果抗焦虑药物有副作用，而且服药让你感觉自己的状态比之前更糟糕，那请你告知医生。医生会调整药物的服用剂量，或者给你更换药物。抗焦虑药物典型的副作用包括记忆力减退、视力模糊和嗜睡，甚至是身体上的症状，如胃部不适、恶心或身体协调方面出现问题。如果你出现了以上任何一种症状，请告知医生，看看是否可以停止服药，或更换药物。

如果你还没有开始服药，那下面的简易测试可以帮你看出自己是否适合药物治疗。

- 你是否因情绪原因而无法照顾好自己，并且已经到了无法按时洗澡或吃饭的地步？
- 你是否因情绪问题而无法正常地投入工作，甚至连一些最基本的工作都无法胜任？
- 假如你有小孩或者其他需要照料的人，你是否会因情绪问题而无法妥善地照料他们？
- 你是否有过自杀的想法？是否曾经想过假如世界上没有你的话会更好？

对于上述问题，如果你有任何一个问题的回答是"是"，你就需要去看精神科医生或者自然疗法医生了。我并不推崇药物治疗，只是把它当作一种最后不得已而为之的治疗手段，或者是在患者的生命安全受到严重威胁的情况下短期使用。我的建议是找一个有合法执照的自然疗法医生或精神科医生，在借鉴本书提供的自然疗法方案的同时，在必要时，再提供药物治疗。

如果你对最后一个问题的回答是"是"，并且有伤害自己的想法，请立即采取行动，寻求帮助。

## 第3步：向他人倾诉

胡思乱想会加重焦虑的症状，本书后面的部分将详细探讨人的思想对焦虑症状的影响。但就目前而言，我的建议是找一位你能对其敞开心扉倾诉的心理学家或治疗师。尽管没有最佳方法，但认知行为疗法（CBT）被认为是最有效的抑郁症治疗方法之一，所以它可以作为一个很好的切入点。一些很棒的治疗师会通过 Skype 等视频会议服务平台提供线上问诊服务。虽然我强烈推荐你去约见治疗师，跟他们进行面对面的互动，但如果你的焦虑程度已经严重到无法走出家门或者无法直接进行互动，那你或许可以从在线问诊开始。

## 第4步：检查睡眠

当你的睡眠出现问题时，你的身体自然而然会感到焦虑不安。

睡眠对情绪有着深远的影响。大多数人每晚需要七到八个小时的睡眠；有的人则需要睡更长时间。在睡眠不足的情况下，没有人能维持正常的状态。如果你睡眠不足，那就尽量早点上床睡觉吧，最好是在午夜之前入睡。理想的睡眠时间表是晚上 10 点睡觉，早上 6 点起床。

很多读者可能会说："这不适合我……我是个夜猫子。"但我要说的是：你不是夜猫子。我们将在本书的第三章中对此进行讨论。现在，请努力纠正你的睡眠习惯吧。如果你晚上很难睡着，那一定要让你的房间尽可能地保持黑暗；睡前至少提前半个小时关掉电视、电脑或手机。

更多关于睡眠的信息请见第三章。

## 第 5 步：活动身体

运动是一种天然的燃烧压力荷尔蒙的方式。当松鼠被狗追逐的时候，受惊的松鼠体内会释放出压力荷尔蒙，在逃命的过程中这些压力荷尔蒙被燃烧殆尽。

尽管生活中有很多压力，但大多数人都不怎么喜欢运动。身体产生压力荷尔蒙，让我们浑身上下不舒畅，但我们却没有机会去消耗掉它们。因而，经常活动身体是非常有必要的。

- 初级者：每周四天，每天进行一次 30 分钟的温和有氧运动，当然也可以分几次来完成，每次 10 分钟。两者的效果是一样的。
- 中、高级者：每周四天，每天进行一次一个小时的有氧运动，并且最后 30 分钟进行间歇训练（详见第四章），外加两天的抗阻训练。

## 第 6 步：平衡血糖

当我们感到压力巨大但不知何故时，通常是血糖失衡捣的鬼。当我们体内的血糖处于平衡状态时，身体就会呈现出良好的状态；而当体内的血糖不均衡、不稳定时，大脑就会产生应激反应，这样的情况屡见不鲜。下面的方法可以快速解决血糖失衡的问题。

- 早餐食用富含蛋白质和脂肪的食物，以及适量的对身体有益的碳水化合物。这样做真的有效，建议你也这么做。
- 少食多餐。比起每天吃三顿大餐，建议你用五到六顿小餐或零食来代替。早上就准备好一天所需的食物。
- 在麦片粥里加入一汤匙肉桂粉——其实，在任何食物中添加肉桂粉都可以，即使是加入番茄酱中味道也不错。更多信息请见第五章。

## 第 7 步：调节心身

当你感觉自己被焦虑感控制时，你可能需要一些外界的干预来帮你。下面是一些我最喜欢的调节心身的方式。

- 针灸。每周两次。
- 瑜伽。每两天一次。
- 推拿。每周一到两次。

- 灵气疗法（一种利用宇宙能量来治病和养生的修炼方法）。每周一到两次。

## 第8步：服用三联补充剂

我治疗过的患者都服用过以下三种营养补充剂，这种三联补充剂组合既有助于维持身体、大脑和消化道的功能，又能促进镇静神经递质的分泌。

- 高效复合维生素。
- 鱼油。每天摄入1000毫克的二十碳五烯酸（EPA）。
- 益生菌。由乳酸菌和双歧杆菌组成。建议每天补充约40亿的益生菌。

在第七章中，我们将详细讨论人类维持心身健康所需的基本营养素。

## 第9步：服用抗焦虑营养补充剂

市面上有很多种具有抗焦虑功能的营养补充剂。我在从医实践中经常发现，以下几种营养补充剂既能发挥药物治疗的效果，而且副作用也比较小。

- 对于广泛性焦虑障碍，可以从服用薰衣草胶囊开始。
- 治疗惊恐障碍，除了继续服用薰衣草补充剂之外加上一茶匙的甘氨酸和半茶匙西番莲提取物，每日三次。

- 针对与强迫症相关的问题，除了使用上面列出的营养补充剂，还要加上 500 毫克的 N-乙酰半胱氨酸，每日三次。忌与食物一起服用（饭前 20 分钟或者至少饭后 1 小时服用）。
- 对于抑郁性焦虑症，服用 100 毫克 5-羟色氨酸（5-hydroxy-tryptophan，5-HTP）和 300 毫克圣约翰草，每日三次。如果你正在服用其他药物，那你在开始服用圣约翰草之前要咨询医生或药剂师，因为这种草药会影响其他药物的疗效。

在第七章中，我们将会更详细地探讨后两步中提到的补充剂和其他种类的营养补充剂。我希望以上这些能对你有用。如果你因焦虑症连最基本的日常活动都无法进行，或者连起床都感觉困难的话，以上这些建议可能真的能救你于水火之中。接下来，让我们回到最初的问题，即焦虑症到底是什么，它是如何发生的，以及它为什么会发生。

第二章

# 化解引发焦虑的想法

> 你最不敢涉足的洞穴中，就藏着你所寻找的宝藏。
>
> 约瑟夫·坎贝尔（Joseph Campbell）

### 案例：患有乳腺癌的琳达

琳达是一名58岁的律师，她最初向我寻求帮助时正处于乳腺癌治疗期间。那个时候她已经接受了乳房肿瘤切除手术，想要找到某种有助于她在化疗和放疗期间增强体质的疗法。为了帮她维持健康的身体状态，我们一起制订了一个强有力的饮食计划，讨论了一些能够帮她改善睡眠质量的方案，并且选了一些营养补充剂来帮她全面调整健康状况。此外，作为自然疗法的补充手段，琳达每周还要来找我做常规针灸治疗。在癌症治疗期间，琳达整个人的状态都保持良好，并且感觉比癌症治疗小组的其他人要更健康。她一直充满活力，积极乐观，甚至在某种程度上比生病之前的状态还要好。

但化疗过程结束后，琳达觉得自己失去了"保护"：她的生活开始变得黑暗，充满焦虑。这是刚完成治疗的癌症患者常有的反应。琳达的睡眠状况变得非常糟糕。在向我倾吐焦虑感的时候，她告诉我，她与丈夫的关系多年来一直都很紧张，她的丈夫曾出轨过一两次。琳达选择了原谅，因为他们一共有三个孩子，她不想打乱孩子们的生活，而且她觉得自己在经济上无法独立。她感觉自己被困住了，但是却无能为力。

在聊天中，我们谈到了自尊的话题，还谈到了情感方面的问题会如何明显地表现在女性的胸部上——胸部是用于哺乳的组织。我建议琳达阅读有关自尊的书籍，并且尝试思考生活中什么才是最重要的。虽然她以前看过的医生都建议她服用抗焦虑药物，但我建议她直面自己的问题，不要逃避。我开始推荐她使用一些药草疗法，如服用圣约翰草和红景天，以及用于改善睡眠状况的色氨酸。

虽然那段时间对琳达来说十分艰难，但她也获得了更多的力量。最终，琳达能够面对自己的丈夫，她的丈夫同样也有焦虑的问题。这是她人生中第一次"真实"地生活。琳达意识到，乳腺癌给她敲响了不幸的警钟，最终让她因祸得福。

本书是关于如何从焦虑中恢复并重新完全掌控生活的。要做到这一点，我们就需要解决诸如睡眠、消化道、饮食、营养等生理问题以获得思绪的平静。书中的大部分内容都是为了这个目标而设计的。

而本章的内容则着眼于引起焦虑的想法，并为读者提供处理这些想法的策略和工具。在第八章中，我将设计出一个方案，以帮助读者在做好准备的情况下去挑战焦虑。

对我来说，焦虑症如同催化剂一般使我的人生快速坠入低谷。你大概已经知道焦虑症和惊恐障碍很可怕，正如你所了解的那样，有时我感到恐惧、恶心，觉得世间万物面目狰狞，这种感觉让我难以承受。更重要的是，焦虑症给我的生活带来了严重的影响：在焦虑症的影响下，我无法完成那些原本可以轻而易举做到的事情，对此我感到羞愧和尴尬。焦虑症极大地降低了我的自尊感。

对你而言，这一切听起来是不是很熟悉？如果是的，很好。因为如果你能感受到害怕、恐惧和尴尬这些负面情绪，那你同样能感受到一些积极情绪。能让你充分感受到焦虑的这种机制同样能让你感受到生活的快乐与兴奋。这种机制存在于你的身体里，你完全可以感受到最佳的情绪状态——你的身体可以做到这些。

为什么我这么确信呢？因为焦虑感是靠大脑的想象产生的。如果大脑能制造出焦虑的感觉，那么它同样能制造出不焦虑的情绪。当我开始着手处理自己的焦虑症时，我得到的一个最好的信息就是我的焦虑感是由我自身的原因产生的，同样地，我自己也可以消灭它。在此之前，我一直以为我的焦虑感是由外部因素导致的，或者是因为我的大脑出了问题。但事实上，我的大脑十分健康，运转良好——甚至还有点太好了。

有些人喜欢坐过山车，但另一些人却不喜欢，这是为什么呢？如果滚轴把你缓缓带到落差的顶端，你就会以非常快的速度往下猛冲，那么，此时你的身体会发生什么变化呢？

## 应激系统：HPA 轴和非稳态负荷

在继续讨论之前，让我们先来简单了解一下应激系统，你在阅读本书或者其他类似书籍时能有一个很好的框架去理解它。

每当你感到兴奋或受到威胁时，大脑中被称作大脑皮层的那部分就会产生反应。大脑皮层位于大脑的外表面，是它使人类和动物产生了本质的区别。当你感觉兴奋或者预感危险临近时，大脑皮层会做出决定："嘿，这将会很有趣"或者"完了，这很危险；我可能会死在这里。"

不管是兴奋还是恐惧，任何输入的信号都会被传送到脑干中的下丘脑。下丘脑这一脑干的重要组成部分是人体的免疫系统、神经系统和激素系统的交汇处，并在此处做出协调的反应。信号从下丘脑传递到大脑的底部——脑下垂体，脑下垂体将信号传递到肾脏顶部的小腺体——肾上腺。肾上腺负责释放像肾上腺素和去甲肾上腺素这样的压力荷尔蒙。其中，肾上腺素会使你产生反应和感到害怕（其表现方式是提高心率、出汗量增多、肌肉收缩、刺痛等，我们人类对这些感觉都不陌生）；而去甲肾上腺素使你注意到这些威胁——所以你会感到焦虑。皮质醇是另一种压力荷尔蒙，它能控制血糖含量，让你感到饥饿，还会刺激你的脑组织，使你产生一种超现实的飘飘然的感觉，医学专家把这种感觉称作"人格解体"。下丘脑可能会和杏仁核共享信号，杏仁核是大脑的恐惧中心，有助于协调和增强恐惧、恐慌的感觉。这个系统被称为下丘脑 – 垂体 – 肾上腺系统轴（HPA）。图 2–1 能帮你更好地理解这一点。

在短期内，压力荷尔蒙的释放会让你的身体做好采取行动的准备——要么战斗，要么逃跑。这种应激反应能够在危急时刻挽救我们的生命。然而，如果人体长时间处于应激反应状态，则会导致系统失衡。肾上腺素、去甲肾上腺素和皮质醇的水平过高会让身体难以负荷。

20 世纪 20 年代，匈牙利内分泌学家汉斯·塞利（Hans Selye）将一种病症命名为"普遍性适应综合征"（general adaptation syndrome，GAS）。塞利在对这种病症进行研究的过程中发现，虽然应激反应能够拯救人的生命，但是如果这种反应持续时间过长，就会有害健康。假设现在有头熊向你扑来，最开始你会产生应激反应（也可称为警报反应）。在应激反应下，你的身体会产生压力荷尔蒙，促使你产生快速逃离这头熊的念头和行为。但假如这头熊死追着你不放，一连好几天不停地追逐你，那你会逐渐适应被它追逐的这种状态，甚至觉得这件事是正常的。这有点像一辆小型大众汽车在高速路上超速行驶，也许短

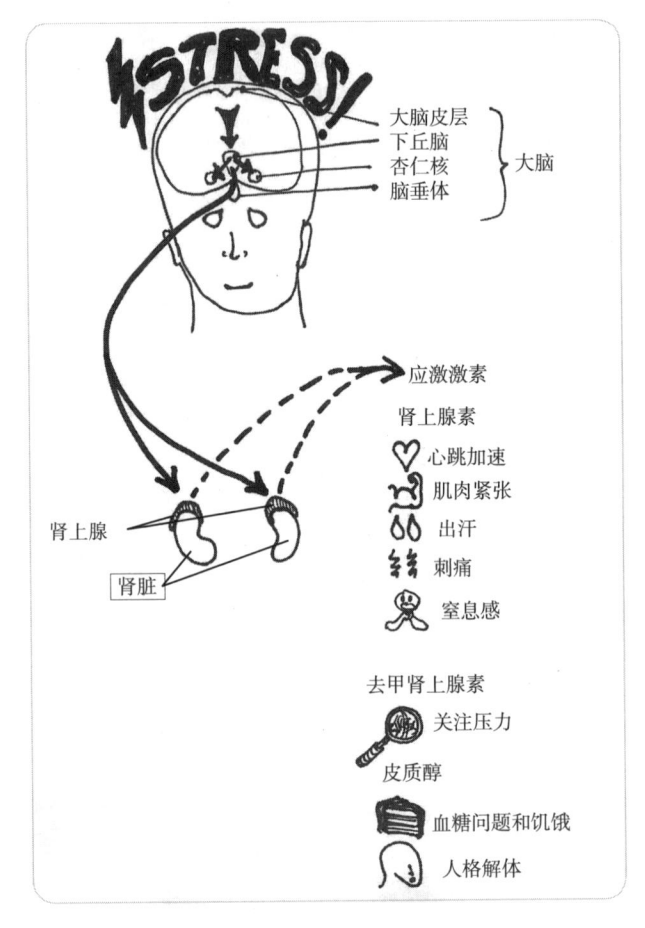

图 2-1 下丘脑 – 垂体 – 肾上腺系统（HPA）

时间内它能超过拖拉机拖车，却无法一直保持这样的行驶速度。

　　身体对压力的反应也是如此。就像一辆长期高速行驶的大众汽车最终会因汽油耗尽而崩溃，身体也会感到焦虑、精疲力竭。20世纪90年代，研究员布鲁斯·麦克尤恩（Bruce McEwen）通过记录长期压力对身体造成的不良影响进一步梳理了这个问题。他发现，在长期的压力下，人体内血压、胆固醇、血糖、炎症和其他身体组织活动都出现了变化。你习惯了在某段时间内超负荷运转，但若长此以往，那你的身体就会因吃不消而崩溃。我的大多数患者都有过超负荷运转的经历，有的患者已经出现崩溃的迹象。而肾上腺唾液测试会有助于医生了解你在压力谱中的位置。

普遍性适应综合征：

健康平衡→警报反应→适应压力→精疲力竭

## 回到思想上来

我们已经掌握了一些基本的应激生理机能的知识，接下来让我们回到能够引发这种生理机能的思想上来：为什么有些人疯狂地喜欢坐过山车，而其他人则非常恐惧呢？这一切都源于你的思想！你的思想机制是会让你感到不安和焦虑，还是会让你快乐地享受生活，这取决于你自己。关键在于改变想法，并在负面情绪来临时重新控制自己的思想。本书的其余部分将告诉读者如何通过身体上的改变来减轻焦虑，而本章的内容将直接聚焦于如何改变读者的想法。

虽然我知道这听起来不太可能，但是请相信，你能做到的。记住，如果身体机制能让你产生恐惧的想法，那它同样能让你挑战焦虑，享受生活！

## 开启"英雄之旅"

> 我们在自由地坠入未来。我们并不清楚要去哪里。事情变化得如此之快,当你经过一条漫长的隧道时,焦虑的感觉就出现了。为了把地狱变成天堂,你要做的就是把坠落当作一种自愿的行为。这是一个非常有趣的视角转变,说到底就是……快乐地参与悲伤,然后一切都会发生改变。
>
> 约瑟夫·坎贝尔

在本章中,我已经两次引用了约瑟夫·坎贝尔的文字。我初次看到坎贝尔的作品是在 20 世纪 80 年代中期,那时我还是一名高中生,在美国公共电视网上看到了他的"神话的力量"系列作品。

该节目在著名导演乔治·卢卡斯(George Lucas)的工作场所和休养地"天行者牧场"拍摄了几天,记录了比尔·莫耶斯(Bill Moyers)与约瑟夫·坎贝尔的谈话过程。在采访中,坎贝尔讨论了一个叫作"英雄之旅"的概念,并将其与古代文明和我们所处的现代世界联系在一起。

和其他典型的青少年一样,当时的我满脑子都是肤浅的幻想,但坎贝尔的话让我着迷。他们的谈话使我踏上了一条更深入、更彻底地思考人生以及什么使我感到幸福的道路。

如果你不知道坎贝尔是谁,那让我来告诉你吧!约瑟夫·坎贝尔是一位神话学家,生于 1904 年,卒于 1987 年。作为神话学家,他花了大量时间了解世界各地不同的文化、艺术和文学作品,试图理解其中涉及的宗教、哲学和神话故事。

坎贝尔从经年累月的研究中了解到,许多文化和文明彼此之间没有交流——没有互联网,没有Facebook、Snapchat或Twitter,也没有传递消息的信鸽,但它们对宇宙、上帝和宗教却有着诸多类似的想法。坎贝尔发现,尽管这些文明相互之间没有交流,但它们不约而同地尊崇"英雄"这一主题。

在一个典型的英雄故事设定中,主人公可能曾经过着正常而平凡的生活,然后经历了艰难的挑战,最终以蜕变后的样子屹立于世。由于这些英雄起初并没有要成为英雄的想法,而且通常感觉自己与所处的环境格格不入,因此他们都经历了某种属于他们自己的焦虑。在故事的结尾,这些英雄都变得更加睿智了,有了更高的自我意识,还找到了人生的目标。

著名的英雄之旅案例的主人公包括世界上主要的宗教人物,例如佛陀、摩西、穆罕默德和耶稣。古典文学也有关于英雄主题的记载,例如詹姆斯·乔伊斯(James Joyce)所著的《青年画家肖像》(*Portrait of the Artist as a Young Man*)中的角色斯蒂芬或者《奥德赛》(*Odyssey*)中的奥德修斯(Odysseus)。流行文化中,如《绿野仙踪》中的多萝西、哈利·波特,迪士尼电影中的花木兰、蜘蛛侠,以及《星球大战》中的卢克·天行者(Luke Skywalker)等角色都是以英雄为主题的。

我想说的是:你同样也是一名英雄!别四处看了——我说的就是

你。对,就是你。

接下来我们需要谈论你所面临的挑战,讨论如何将这些挑战变成你英雄之旅的一部分,以及如何帮你到达蜕变的彼岸。从现在开始,你不会再是一个人孤零零地无助地面对无法克服的难题望洋兴叹。相反地,你可以克服困难,披荆斩棘。当你阅读本书时,你不仅要关注自己的身体,还要留意自己的想法,从这两方面双管齐下是瓦解和摆脱焦虑的最佳途径(见图 2-2)。

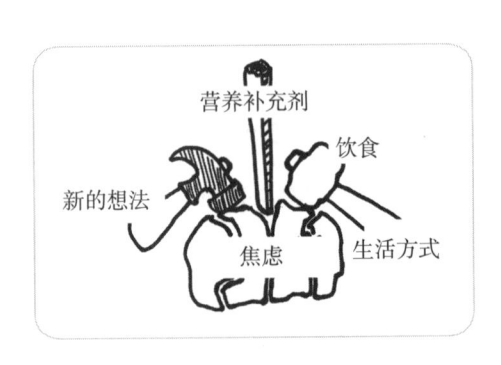

**图 2-2 瓦解焦虑的途径**

从今天开始,你将唤醒自己内心深处的英雄——也许你是第一次这么做——我们每个人的身体里都住着这样的英雄,我们将要学会穿过重重阴郁和黑暗,进入一个没有焦虑并充满理解、平静和爱的全新的光明世界。

## 改变思想的三个步骤

我们将通过以下三个步骤来帮你实现思想上的转变:

- 输入新信息；
- 写下想法，给想法打分，并改变想法；
- 像佛教徒一样思考。

## 第1步：输入新信息

当我开始自己的英雄之旅时，我想起了一句老话："同因得同果。"同样地，如果你保持原有的想法不变，那你将无法彻底摆脱自己一直试图挣脱的恐惧反应，因为它还会被你原来的想法唤起。

曾几何时我觉得自己无法再乘坐飞机了，对此我曾深信不疑。这种害怕坐飞机的恐慌感非常强烈，让我难以承受。但现在回过头来看，事实证明我的想法是错的，而且是大错特错。这些天我一直在做空中飞人，乘坐飞机外出做讲座和旅行。我努力地改变了自己对乘坐飞机的想法，所以才敢再次乘坐飞机；同样地，你的想法也可以改变。

克服焦虑感的第一步是引入其他新信息，这和治疗其他疾病是一样的。通常情况下，来就诊的患者的病症都是由其体内的毒素累积过多而引起的，这些毒素包括杀虫剂、塑料制品、不健康的脂肪、过量的卡路里、重金属、生活环境中的化学物质，以及会让他们过敏的食物。这些毒素会引发多种疾病，如自身免疫性疾病、癌症、心脏病、糖尿病和皮肤问题等。从本质上说，这些毒素为身体提供了不良的信息，告诉细胞不要保持健康的状态。

阻止毒素在体内积累的最佳途径是改变饮食，用新的食物和它们带来的积极的信息来滋养身体。蓝莓、无汞鱼、有机胡萝卜、有机绿色蔬菜和有机橄榄油等食物不会产生有害信息，它们会向我们体内的细胞传递积极的信息。同样地，要想改变焦虑的情绪，首先你需要改变进入大脑前额叶皮层的信息，因此，我们给身体传递什么样的信息是至关重要的。

一位年轻的患者在母亲的陪同下前来就诊，她只有16岁，但焦虑的症状已经持续一年了。在问诊的过程中，我们谈到了她的饮食、睡眠、压力来源，以及她的大脑所需要的营养物质。我向她解释，大脑中的信息就像"盒式磁带一样，消极的信息会一遍又一遍地重复播放"，要改变大脑中的信息，我建议她"直接删掉磁带的内容，重新录制一盘新的"。她看起来很困惑，好像不知道什么是盒式磁带，于是我把比喻换作她手机上的MP3，她顿时就明白了！

不管是盒式磁带还是MP3，我们都要对其输入新的信息，例如，当我们要坐过山车时，我们不要想"我快要吓死啦"，而要给大脑提供"嘿，过山车看起来好有趣"这样的信息。我举这个例子是想告诉你，不管你面对的"过山车"是什么，你都必须"把地狱变成天堂"，而且要相信自己有能力做到这一点。

通过阅读不同的书籍得到不一样的新信息，这点对我来说极其有益。只读某一本书可达不到这样的效果，你手里的这本书也只是众多书籍中的一本。我希望，当你踏上你的英雄之旅时，能去寻找更多的书籍，去书店逛逛吧（我知道实体书店正在逐渐消失，但比起网上书店还是更吸引人一些），翻翻书、看看视频，看看哪些书和视频会引起你的共鸣，然后就从这些书和视频开始。

## 第 2 步：写下想法，给想法打分，并改变想法

### 写下想法

酗酒者存在的问题显而易见——饮酒过度。对于他们来说，饮酒的习惯已经变成了一种根深蒂固的行为，他们甚至意识不到自己在饮酒。因此，酗酒者走向康复的第一步很简单——就是在饮酒时要意识到并承认自己在喝酒。

和酗酒者一样，有些焦虑症患者也是在不知不觉中陷入焦虑的。即使我们强制自己不焦虑，最后也还是会陷入焦虑的情绪中。我记得曾经有一段时间，我早上一醒来脑中就有负面消极的想法了，比如下面几种想法。

- "这将是糟糕的一天。"
- "我没法完成需要做完的全部事情。"
- "我可能做不好想做的事。"
- "我不够聪明，也没有足够的才华来实现目标。"
- "我太焦虑了，成功不了。"

如果一个人这样想，那他永远都不可能成功。请你思考一个问题：如果你是一名患者，每次你来就诊时，我都用情绪化的"棒球棒"打击你，告诉你，你不是一个好人，你是一个失败者，或者你是一个混蛋，你来找我就诊就如同找虐一般，那你还会继续来向我寻求帮助吗？

不，你当然不会。可是当你产生焦虑的想法时，你就是在对自己做同样的事——你在纵容焦虑持续下去。当我们生气或害怕时，就是在把这些消极的想法隐藏在心底，直到它们变成愤怒或其他负面情绪发泄出来。因此，我们必须阻止大脑产生消极的想法。

如何阻止大脑产生消极的想法呢？第一步就是当消极的想法出现时，我们要能及时地识别它。每当你感觉自己想法消极时，可以用笔记本或者手机将其记录下来，并在接下来的两天都这样做。当我第一次做这个练习时，我的手都写得酸疼，因为我整天都在记录这些消极的想法！

我注意到，当我要求患者这样做时，有些患者只会在脑中记一下，而不会真的动手记录。虽然在大脑中意识到消极的想法是第一步，但这还不足以实现最终的目标，所以不能仅仅停留在动脑想一想的阶段。把这些想法写下来才是关键。

为什么要写下来呢？许多著名作家都提到了记录思想的力量，这些聪明的人不约而同地对写作做出了类似的评价：

除非我看到我写的内容，不然我怎么知道自己是怎么想的呢？

爱德华·摩根·福斯特（Edward Morgan Forster）

写作是发现的行为……我通过写作来发现自己的想法。

爱德华·阿尔比（Edward Albee）

直到我读到我写的东西时，我才知道自己在想些什么。

威廉·福克纳（William Faulkner）

## 第二章 化解引发焦虑的想法

我写作完全是为了弄清楚自己在想什么。

琼·狄迪恩（Joan Didion）

直到我看到自己说出的话后才知道自己在想什么，因此我写作。

弗兰纳里·奥康纳（Flannery O'Connor）

直到我把自己的想法写出来，我才知道自己在想什么。

诺曼·梅勒（Norman Mailer）

我想现在你应该能明白为什么要把想法写下来了吧。研究也证实了这一点非常重要。一般来说，如果你把自己的想法写下来，然后阅读这些想法，就能调动你大脑更多的部位来处理这些想法，并且能获得更好的视角。当你能以更好的视角看问题时，事情就不会显得那么可怕了，你也会更容易出现积极的情绪变化。

### 给想法打分

当你把自己的想法写出来后，需要对其评级打分。按照严重程度打出 1~10 分，1 分代表程度较轻，不会给你带来太多的焦虑感；10 分代表非常严重，会使你感到十分焦虑。

### 改变想法

对焦虑情绪或负面信息进行评分之后，下一步就是问问自己这些想法是不是事实。如果这些想法是真实存在的，你就可以通过制订切实可行的计划来解决问题。如果这些想法不是真的（大多数都不是），那就用一个更积极的想法来取代原来的想法。请看下面几个例子：

"这将是糟糕的一天。"评分：7分。

真的是这样吗？否。

**新想法**：没有人拥有水晶魔法球，也没有人能预测未来，我相信今天会有好的事情发生。

"我没法完成需要做完的全部事情。"评分：5分。

真的是这样吗？是。

**新想法**：可能我要做的事情有点多，没人能一下子完成。我需要分清任务的轻重缓急，尽己所能去完成。至于无法完成的部分，就留到明天再做吧。

"我可能做不好想做的事。"评分：4分。

真的是这样吗？否。

**新想法**：我能做好很多事情。今天我只想尽力而为。任何失败都有助于学习，我会对其加以利用，争取明天做得更好。

"我不够聪明，也没有足够的才华来实现目标。"评分：8分。

真的是这样吗？否。

**新想法**：实际上，我是一个聪明人，有很多优点。

"我太焦虑了，成功不了。"评分：9分。

真的是这样吗？否。

**新想法**：实际上大多数成功的人都会感到焦虑。我可以控制并利用自己的焦虑。

顺便说一句，容易感到焦虑的人往往都比较成功，并且聪明、富有创造力。例如，亚伯拉罕·林肯患有严重的焦虑症；著名歌手阿黛尔（Adele）和芭芭拉·史翠珊（Barbra Streisand）患有严重的舞台恐惧症；足球明星大卫·贝克汉姆患有强迫症；乌皮·戈德伯格（Whoopi Goldberg）患有飞机恐惧症。正如我所提到的，奥普拉·温弗瑞也曾患焦虑症，但她很好地利用了这一点，成为有史以来最成功的商业和娱乐人士之一。

当焦虑程度处于可控范围内时，它有助于我们保持警觉和对生活的兴趣。我们的目标不是消除你全部的焦虑情绪，因为有些焦虑情绪能够让你保持敏锐和专注。当我们因焦虑而变得脆弱不堪时，需要做的是重新正确地引导焦虑。我已经意识到自己是一个焦虑的人，只要我能理解自己，并且利用焦虑感来使自己变得更好，那焦虑就没那么可怕了。当我被焦虑打败时，我会致力于改变自己的想法。

### 如何处理那些可怕的想法

很多时候，焦虑的人会产生一些可怕的想法。他们认为自己将会失控，或者会因无法处理某些情况而感到难堪。更有甚者，他们可能会在某些瞬间产生伤害自己或他人的念头。有时，他们甚至会觉得离开人世是更好的选择，会让事情变得更简单。如果你有这些可怕的想法，最好去咨询一下心理医生或心理咨询师。

不过，通常情况下，有这些可怕想法的焦虑症患者一般不会采取实际的行动。事实上，他们的做法恰恰相反。如果你让一个焦虑的人在半路上停下来发飙，那他是断然不会这样做的——因为那样太尴尬了！这就说明了焦虑症患者会产生这些可怕的想法只是创造性思维失控的表现，是焦虑症状的一部分。这些想法就像被宠坏的孩子一样，企图控制你的生活，需要得到你的关注——你越关注他们，他们就越淘气。因此不要过多关注这些想法——只需确认一下它们是否存在即可，然后执行第3步。

## 第3步：像佛教徒一样思考

首先我要申明的是，我并不是建议你去做一个佛教徒。

坦白地说，我自己的焦虑主要来自两方面：一是试图把自己的关注点从不愿思考的生活事件上移开；二是一种简单的对死亡的恐惧。学习佛教的思维方式很好地帮我减轻了焦虑感，让我开始了新的生活。

在我20岁出头，我首次出现了焦虑症和惊恐障碍。那时我在一个不怎么成功的摇滚乐队做鼓手，玩得挺开心，但生活压力很大，而且生活方式相当不健康。我在高速公路上发生了一场非常可怕的车祸，并且当时正面临一段感情的破裂，我感到很受伤，我曾以为这段感情会天长地久。渐渐地，我开始没法正常开车，甚至在火车站站台上行走都感觉吃力，并产生了可怕的想法——当时我一直在想不如跳上铁轨，然后被迎面驶来的火车碾过。打鼓是我当时最喜欢做的事情，但即便如此，还是受到影响了，对我来说它变成了一件痛苦的事情。我开始害怕登台表演——我感到头晕目眩，在舞台上和录音时我会打错节奏。如果你对打鼓有所了解，你就知道打错节奏是一场多么严重的灾难。对我来说，开车、打鼓、坐火车旅行曾经都是简单而快乐的事情，但我却开始对它们感到难以承受。随后，我对乘飞机也感到恐惧。

还记得《变形怪体》(*The Blob*)这部电影吗？焦虑感跟电影中的外星怪物很像。这部1958年上映的科幻恐怖电影讲述的是一只外星阿米巴变形虫来到美国宾夕法尼亚州的一个小镇，以当地的市民和物资为食。它吃的东西越多，体型就越大。一旦这个怪物抓住了什么东西，就想要抓住更多的东西。27岁的史蒂夫·麦奎因（Steve McQueen）发现了这个怪物的弱点——怕冷，于是市民们用灭火器反击，打败了这个从外星来的怪物。

我的"焦虑怪物"在我的生活中所占据的比重越来越大，于是我任由它肆意生长，直到我发现了它的弱点，我开始重构自己的想法，照顾好自己的健康，最终对它进行了反击。

回顾过去的抗焦虑之旅，我发现焦虑感是由很多原因导致的，不管你相信与否，过去那些痛苦万分的分手事件、车祸以及经营不善的摇滚乐队，都不是导致我患焦虑症的罪魁祸首！这些只是我用来分散注意力的借口。我的焦虑症不是某个人或某些事引起的，真正需要为我的焦虑症承担责任的是我自己，但我当时还没有准备好去承担责任。

导致我患上焦虑症的真正原因是什么呢？是缺乏睡眠和运动，以及不良的饮食，但更重要的原因是我自己的想法——我担心自己的未来，并且惧怕死亡。一旦我勇于直面这些事情，承担起该承担的责任，不再甩锅给其他人或事，焦虑感就会极大地得到缓解。

你会把焦虑归咎于什么事情或什么人呢？这些感觉是否会分散你

的注意力,让你无法对自己的生活负责并继续前进呢?

我的"焦虑怪物"让我意识到有些事情失去了平衡,导致我无法专注于真正重要的事情。你的"焦虑怪物"也很可能是由身体和情感上的问题产生的,这些问题需要引起你的注意。本书将帮助你识别这些问题。

佛教中有一种说法:"一切痛苦都来源于依恋。"如果你仔细想想,就会发现事情确实如此。当我们所爱之人去世时,我们会感到悲恸,因为我们希望能和那个人永远在一起。当然,为失去所爱之人感到悲痛和哀悼是可以理解的。当我和女友分手时我很痛苦,因为我很依恋她,并且坚信我们的关系会天长地久。我喜欢玩音乐,想通过演奏音乐来赚钱,并获得快乐。当我开始意识到事情无法如愿,并且无法控制自己所依恋的事情朝我所期待的结果发展时,我就会感到痛苦和焦虑。睡眠不足、缺乏运动以及不良的饮食更是加重了我的负面情绪。

那飞机焦虑症呢?坐飞机时我依恋的是什么呢?害怕坐飞机是我创造性思维的另一种表现,它与我作对,并夸大了我对死亡的恐惧。我依恋的是这个世界,我想继续活在这个世界上。我曾想象过自己以每小时几百英里[①]的速度在太空中飞驰的样子,但我不想死在飞机的金属舱里。我敢打赌如果你有焦虑症,那你对坐飞机的感觉也不会好到哪里去。不过,请相信你可以克服它。佛教让我明白,生命本身会来去自如,没法确切地说这是一件好事还是一件坏事,但生命本身就是如此。

---

① 1英里≈1.609千米。——译者注

我知道我接下来要说的话可能听起来有点奇怪，甚至可能还带有侮辱性，但我还是想说：对死亡的恐惧在某种程度上是傲慢和自私的表现。为什么呢？因为我们认为自己对这个世界如此重要，一旦我们离开这个世界，那将是一场悲剧。但实际上，无论我们是谁，我们终将死去，就算没有了我们，世界也会继续存在和运转。如果这是真的，那我们为什么要为此感到焦虑呢？当然，假如我在下班途中被一架坠落的钢琴砸到，我敢肯定我的家人会很难过，但事实是，他们也会照样生活……他们会没事的。说实话，我不确定现在自己是不是完全不恐惧死亡，但我至少不再像以前那样一直纠结于此了，焦虑和抑郁的情绪并没有像过去那样控制我的生活。现在，比起担心死亡，我更享受当下的时光。

事实上，如果你真的活在当下、享受当下，你是不会感到焦虑的。焦虑就是对未来感到担忧或者对过去感到沮丧。活在当下这件事与焦虑感是不相容的。这就是我们将在第六章讨论冥想的原因。

斯蒂芬·阿斯玛（Stephen Asma）著有《为什么我是佛教徒》（*Why I Am a Buddhist*）一书。该书会吓跑很多人，但对于那些想逃离现代喧嚣世界的人来说，它却是一本了解佛教的好书。它宣称能让读者避免"新时代的混乱"，并且"不需要节食和吃糙米，不需要焚香，也不需要把思想和文化都深藏起来"。另一本好书是图丹·却准（Thubten Chodron）的《佛教入门》（*Buddhism for Beginners*），该书以平静而温和的方式简单地解释了佛教的概念。请将这些书添加到你的书单中，以便获取更多的新想法。

## 总结

第1步：输入新信息。从书单和电影中获取新信息开始吧。

第2步：把消极的想法写下来，并进行评分，划分焦虑的等级，然后改进想法。把你的想法逐条列举出来，并按照1~10的等级给它们打分（给最令人焦虑的负面想法打10分），然后写出一个跟原本负面想法相反的想法。一旦你发现自己有消极想法时，就这样去做吧。

第3步：像佛教徒一样思考。从上文提到的佛教书籍中拿起一本开始阅读吧，开始尝试不依恋他人、他物，并且活在当下。

第三章

# 跟失眠说再见

> 无辜的睡眠连起了关怀的衣袖,每天的死亡,遍体鳞伤的劳作沐浴,还有给那些伤残的脑袋涂的膏。大自然的主菜就是生命中提供营养的主食。
>
> 《麦克白》(*Macbeth*)第二幕第二场

### 案例:有更年期睡眠问题及焦虑症的坎蒂丝

42岁的坎蒂丝在过去的人生中从未焦虑过。她最初来我办公室是因为慢性膝关节问题,我们打算通过减肥、针灸、矫正和加强锻炼的方式来解决这个问题。四年后,坎蒂丝再次走进我的办公室,当时她步履正常,步态良好,但人看起来很憔悴:眼睛充血,脸色苍白,表情呆滞。"我已经两个月没睡好觉了。"她说。在过去的半年里,她和她的丈夫一直在尝试怀第二胎。不幸的是,他们运气不太好,一直没能成功怀孕。现在更不可能了——如果她睡不着的话，肯定也没有心思进行性生活。更重要的是，她开始每天都感到焦虑，尤其是在床上，用她的话说，会心悸、出汗，听到"电动的嗡嗡声"。

在详细了解她的病史并进行了一些测试后，我确定她的问题是由一些因素导致的。坎蒂丝告诉我，过去六年来她在工作中一直承受着巨大的压力。她通常是六点多下班回家，等她终于赶到家后，在六岁的女儿上床睡觉之前，她只有一个小时左右的时间陪伴女儿。女儿睡着后，她又有很多事情要做，这些事情需要她一直坐在电脑前，她就这样一直工作，直到累得精疲力竭。她也许会试图和老公亲密，然后"疲惫又兴奋地"盯着天花板。我对她做了一些唾液测试，结果显示她夜间的皮质醇水平较高，孕酮水平较低，这跟她的血检结果相符。她体内的 B 族维生素、铁和维生素 D 的含量也很低，这表明她的身体长期处于一种过度消耗的状态中。

当女性步入 40 多岁后，体内的孕酮（一种女性在月经周期后半段所需要的并且能帮助女性妊娠的激素）水平通常就会开始下降。如果她们处于压力较大的环境中，孕酮的水平就下降得更快。低孕酮会降低 γ-氨基丁酸（gamma-aminobutyric acid，GABA）的含量，GABA 是一种使大脑保持冷静和维持睡眠状态的神经递质。

> 我让坎蒂丝从改变睡眠习惯入手，为她制定了有规律的就寝时间表，并让她服用一些缓释型褪黑素、磷脂酰胆碱和夜间孕酮。褪黑素能帮助人体自然地感知时间，磷脂酰胆碱能温和地降低皮质醇水平，孕酮能适当地提高GABA的活性。我还要求她多吃一些蔬菜和鱼汤等营养丰富的食物，以及服用一些高效能复合维生素。两周后，她的睡眠状况有了明显的改善，焦虑的症状几乎完全消失了。
>
> 当坎蒂丝的睡眠状况开始好转后，我们开始讨论导致她失眠的根本原因以及她的身体试图释放出的信号。我们谈及她的工作日程安排和她所承受的压力，这些问题使她很难抽身去照料第二个孩子。坎蒂丝重新安排了她的工作重点，并开始练习瑜伽和冥想。她所做的这些改变是减轻白天焦虑感的关键步骤，同时也减少了"兴奋"的感觉。在坎蒂丝43岁那一年，她成功地怀上了二胎，生下了一个健康的女婴。

如果你也患上了失眠症，我想告诉你，你是可以恢复正常睡眠的。有一种非常罕见的疾病叫作致命性家族失眠症，不过人类患上这种失眠症的概率很低，不到百万分之一。只要你患上的不是这种失眠症（我多年来从未见过有患者患上此病），你的睡眠问题就是可以解决的。坎蒂丝发现，如果没有睡好，就很容易焦虑，正如本章开头引用的莎士比亚作品中的文字所描述的那样。尽管莎士比亚是17世纪的戏剧作家，也能敏锐地意识到睡眠的重要性，因为睡眠可以治愈疼痛，缓解焦虑的情绪。

如果你患有焦虑症但睡眠良好，那么恭喜你啦！你是少数的特例。事实上，如果你没有睡眠问题，就可以跳过本章，只要你能确保自己在日程安排允许的情况下可以在 11 点前上床睡觉，睡足七个多小时后再醒来。如果你要很晚才上床睡觉（不上夜班——这种情况稍后再讲），那么你仍需阅读本章的内容。

本章的全部内容都在讨论睡眠问题，因为我不止一次地看到了睡眠对焦虑症和情绪的影响。在本章中，我们将研究你的症状，并制定出一个能帮你改善睡眠的方案。

美国疾病控制中心（Centers for Disease Control）2014 年 1 月的一项研究发现，大约 6000 万美国人患有睡眠障碍，睡眠不足成了一种真正的"公共流行病"。睡眠问题和焦虑症几乎总是同时存在的。大多数患有焦虑症的人都有睡眠问题。而且大多数情况下，如果你睡眠质量差，那你焦虑的程度就会更严重——睡眠越差，第二天就越焦虑。作为一名医生，我花了很多时间试图找出能帮助患者解决睡眠问题的方法。

包括人类在内的所有动物都需要睡眠。缺乏必要的睡眠会提高病毒性感冒、肥胖、记忆力变差和出现认知问题的患病风险。发表在《内科学档案》（Archives of Internal Medicine）杂志上的一项研究表明，与睡眠时间超过八小时的人相比，睡眠时间少于七小时的人患呼吸道病毒性疾病的风险提高了 300%。更重要的是，睡眠不足会直接引发炎症，导致激素和血糖失衡，从而加重焦虑的程度。

**"但我是夜猫子"**

我的许多患者都说："我不是早起的人……我是个夜猫子。我白天很累，但到了晚上就很清醒，不需要睡觉。"

如果你也是这样，那你并不是唯一的夜猫子。如前所述，我 20 多岁在一个摇滚乐队里做鼓手，那时我第一次出现了焦虑症。我发誓，我当时就是个夜猫子。我会一直熬夜到天亮，而白天的大部分时间都在睡觉，下午三四点时醒来。当时我一整天都感觉精疲力竭，也不知道原因——毕竟我每天睡了 8~11 个小时。那时我还不清楚是我的睡眠模式加重了焦虑症，二者之间存在很强的相关性。

现在我知道，过度的压力（比如，我在摇滚乐队里努力表现，努力赚钱以支付房租），过度暴露于夜间的强光，以及过度参与夜间活动（例如在夜总会的舞台上）都会破坏睡眠模式，致使我患上睡眠相位延迟综合征（delayed sleep phase syndrome，DSPS）。患有此病的人一般很晚才出现困意。DSPS 尚未被大众所知，但它却是造成失眠的一个常见原因。

当夜幕降临时，大脑的松果体会分泌褪黑素。当黑暗袭来，眼睛会向松果体发出信号，分泌褪黑素。褪黑素会告诉我们的身体："嘿，睡觉的时间到了。"它通过降低体温和引发睡意来使神经系统进入准备入睡的状态。褪黑素也是一种强大的抗氧化剂，有助于人体抵抗癌症、排毒，并且增强免疫系统。

如果你的大脑无法在夜晚的适当时间内释放褪黑素，睡眠结构就会出现混乱，人的情绪自然而然就会受到影响。而且如果褪黑素分泌不当，也会导致昼夜节律出现问题。

DSPS 的一个典型症状就是无法入睡，即所谓的入睡障碍性失眠。其他常见的令人烦恼的问题是夜间多次醒来，或者早上醒得太早。DSPS 患者最终感觉就像夜猫子一样——在夜间大部分时间都在醒着，很难入睡且保持睡眠的状态，结果第二天感觉精疲力竭，或者"兴奋又疲惫"——既感到焦虑，大脑又停不下来，同时还感到精疲力竭。一些患者告诉我，当他们终于在凌晨开始有睡意时，却又必须起床工作了。一旦他们醒来，白天就会感到疲惫和焦虑。当夜幕降临时，他们又会"缓过劲来"，无法入睡，从而进入糟糕的睡眠周期的恶性循环。我在很多高中生患者身上都看到了这个问题。事实上，高达 10% 的高中生患有 DSPS，长期处于睡眠不足的状态。

**"我睡不着"或"我醒得太早了"**

即使你能睡着，也可能在夜间难以进入睡眠状态，或者早上醒得太早（凌晨三四点左右醒来），因此感到心烦意乱。幸运的话，在起床后的几小时内你可能会感觉不错，但在一天中接下来的时间里你都会陷入极度的焦虑和疲劳。有些人在早上醒来时会感到惊恐和疲劳，有些人会出现恶心、呕吐或鼻塞等症状。不管你是什么症状，这都不是一天正常的打开方式。

快速眼动睡眠期（rapid eye movement sleep，REM）是动物和人类睡眠的最后阶段，也被称为"梦睡眠"，此阶段的睡眠往往是轻度睡眠，大脑活动活跃。虽然一般情况下新生儿80%的睡眠时间都处于快速眼动睡眠期，但成人的快速眼动睡眠时间不应超过整个睡眠时间的四分之一。因为在快速眼动睡眠期间大脑仍在活动，而且其活动类型与清醒时相似，因此快速眼动睡眠时间越长，睡眠带给我们的清醒感就越少。

一种可能的情况是，如果你患有焦虑症，那么，你处于快速眼动睡眠的时间会比深度的"慢波"睡眠更长。焦虑症患者在睡眠周期中往往会过早进入快速眼动睡眠阶段，而且此阶段持续时间相对较长，从而使慢波睡眠时间缩短。如果你难以保持睡眠状态，并且很早就醒来，那你的睡眠过程就是这样的。

## 为什么处于快速眼动睡眠状态

我相信在某种程度上，我们的大脑和身体都在尝试帮我们解决焦虑的问题。

在白天，有很多让我们分心的事情，比如家庭、工作、学习，而且焦虑本身也会让我们分心。在夜间，你的大脑有点像"啊哈——你终于完全属于我了，没有别的什么来打扰我们了。"那大脑会做什么？

它在经历其所想到的一切事情——恐惧、忧虑、遗憾、畅想未来……当人处于快速眼动睡眠状态时,大脑一直处于活跃的状态。大脑在体会我们的经历和最深处的想法,并试图解决我们的问题。但不幸的是,它也会有搞砸的时候——而且它会破坏我们的深度睡眠。更糟糕的是,它会刺激皮质醇和肾上腺素等压力荷尔蒙,使我们保持清醒,令我们苦不堪言。焦虑让我好几个月都深受失眠的困扰,那简直是我一生中最糟糕的经历!那段时间,一想到晚上就要来临,我就感到害怕;一想到我会睡不着、会在床上辗转反侧好几个小时,我就痛不欲生。现在,就让我们来讨论一些解决方案吧。

**我该尝试药物吗**

数以百万计的初级保健医生和精神科医生都会给患者开助眠类药物。在美国,有 6000 万人存在睡眠问题,其中将近 1300 万人在过去的 30 天内服用了助眠类药物。女性使用这些药物的可能性是男性的三倍。众所周知,受教育程度越高,服用助眠类药物的可能性就越大。我们在第二章中了解到,受过良好教育的人通常会因为思虑过多以至于更难以入睡!

那你应该尝试助眠类药物吗?作为自然疗法医生,我自然更倾向于使用天然药物。不过,在医学院学习的经历让我知道,常规药物有时也很有效,尤其是在紧急的情况下。比如,如果患者出现了血液感染,生命危在旦夕,此时使用抗生素可以挽救患者的生命,而草药的效果还有待考证,因此在这种情况下我会毫不犹豫地选择使用抗生素。

一名好医生会使用在当时特定情况下对患者最有效的药物，尤其是当好处远大于风险的时候。然而说到助眠类药物，我认为在大多数情况下使用它并没有多大的益处。

大多数助眠类药物实际上是抗焦虑药物。镇静催眠类药物包括安必恩（Ambien）、阿普唑仑（Xanax）、安定（Valium）和舒乐安定（Lunesta）。虽然在这些药物的广告中有患者舒心地躺在床上，蝴蝶轻轻飞过他的头顶的画面，但这些药物并不像广告上显示的那般良性。

在2012年2月的《英国医学杂志》（*British Medical Journal*）上发表的一项针对三万人的研究发现，即使一个人一年内服用的安眠药数量少于18颗，前者的死亡率仍然比不服用任何安眠药的人高出很多，而且服用大剂量的安眠药的人的死亡率比那些人高出500%。该研究的作者得出结论，助眠类药物"仅在美国就可能与320 000～507 000例非正常死亡相关"。和抗焦虑药物一样，安眠药非常容易使人上瘾，并且会导致白天头晕、嗜睡和运动能力下降，而这些症状都是你想要预防和阻止的。由于这些药物通常会导致困倦，因此它们不支持健康的睡眠结构，让你无法进入深度睡眠模式，导致你的精神无法得到恢复。它们抵消了睡眠的排毒功效和滋养作用。来找我就诊的许多患者都服用过安必恩，很多人都说过类似这样的话："我睡觉了，睡眠时间有长有短，但我感觉自己好像根本没有睡一样。"他们感到心神不宁，焦虑的种子慢慢埋进了他们的思想。

从长远来看，下面讨论的自然疗法建议将有助于改善你的睡眠结构。这些建议有助于我们进入"良好健康的"睡眠状态——这种睡眠状态是自然而然发生的，对健康有百益而无一害。

那么，到底是否使用药物呢？我的建议是这样的：如果你处于一种极度需要睡眠的状态，而天然的补充剂没有发挥作用，此时你可以服用所需的助眠类药物，但要开始逐步引入自然疗法，并尽快戒掉这些药物。在下文的第9步中，我们将讨论如何安全地同时使用自然疗法与传统药物，并最终戒掉药物。

## 九步改善睡眠

我们已经讨论了睡眠不佳造成的影响以及服用助眠类药物的利弊，现在让我们来看看真正能帮你解决睡眠问题的方案。在十多年的临床实践中，我已经将该方案的不同版本应用于数千名患者身上，帮助他们改善睡眠问题。在帮患者解决失眠问题的这些年，我没有遇到过一起失败的案例。因此，你也不会是例外。

下面的九个步骤将帮助你恢复正常的睡眠模式。

### 第1步：准时上床睡觉

中医里有一句古老的谚语："午夜前睡一个小时相当于午夜后睡两个小时。"尽管中国古人对内分泌学（关于激素的研究）不甚了解，但这一建议极具生理学意义。它鼓励人们，当体内开始释放褪黑素的时候，要处于安静、黑暗的环境中，实现最佳的睡眠和昼夜节律调节。

人体大约在晚上10点左右开始释放褪黑素。在合适的时间上床睡觉可以优化褪黑素的释放。上床睡觉太迟会抑制褪黑素的释放并促进压力荷尔蒙的活动。这是有道理的——因为在晚上不睡觉的动物要么是在逃命，要么就是在觅食。像猫头鹰和果蝠这样的夜行性动物，它们在夜里活动，白天睡觉。但我们不是夜行性动物，因此我们应该在正常时间内睡觉。如果你熬夜的话，你的身体会释放压力荷尔蒙，从而加重失眠、睡眠相位延迟综合征以及清晨过早醒来等睡眠问题。

你可能会说："天哪，我一般都是早上三四点钟才上床睡觉，怎么可能晚上11点就睡觉呢！"完全不用担心这个问题。如果你通常在午夜后的某个时间上床睡觉，而且已经准备好要做出积极的改变，我建议你每周都比上一周提前15分钟上床，久而久之，你就能在10:30~11:00之间成功入睡。假如你通常凌晨才睡觉，那么，你能在晚上11:30或12点之前上床睡觉，就是很大的进步了。如果有必要，你可以通过补充褪黑素来帮助自己实现这个过程（更多关于褪黑素的信息见第7步）。

## 第2步：创造属于你的夜间仪式

仪式和惯例对于生理健康至关重要。动物需要仪式，孩子们需要仪式获得安全感，成年人需要仪式来创造一种入睡的氛围，让身体和大脑处于同一种期待中，同时向身体发出微弱的睡眠信号，这对于恢复正常的睡眠是至关重要的。

明亮的光线在告诉身体"嘿，这是白天"，并抑制褪黑素的释放，因此晚上我们要把灯光调暗。

喝一杯具有镇静心神作用的甘菊或薰衣草之类的茶是个不错的选择。最好是拿个小杯子，一口一口地慢慢啜饮——不过，在睡觉前几个小时要限制液体摄入量，以免晚上因膀胱充盈被尿憋醒。当你创造了属于自己的健康睡眠仪式后，你会在这种一致性中找到慰藉，你的身体也会学着平静下来，为入睡做好准备。

## 第3步：睡前半小时调暗灯光

在睡觉前半小时，将任何带有亮光的东西全部关闭——台式电脑、平板电脑、手机、电视等。买一盏橙色的灯（大多数照明商店和大型零售商店都有这样的灯售卖），在橙色的灯光下安静地看会儿书——橙色灯光不会像普通蓝光那样抑制褪黑素的释放。

## 第4步：卧室保持黑暗和凉爽

褪黑素、生长激素和其他激素在人睡眠的过程中要进行修复和排毒。当你在一个太过明亮或温度太高的房间睡觉时，这些激素的活动就会受到抑制。那我们如何判断卧室是否太过明亮呢？可以把手放在脸前一英尺[①]的地方，如果你还能看见手的话，就说明房间不够暗，需要继续调暗光线。把有线电视机顶盒和时钟这些光源遮住，把需要充

---

[①] 1英尺≈0.3048米。——译者注

电的手机放在另一个房间充电,使用完全闭合的百叶窗。我的一些患者安装了自动电动机,该电动机会在早晨缓缓打开百叶窗,让光线透射进房间。不过,如果你不想太花哨,只需把窗户打开一点,确保早晨有一缕光线从窗户透进来即可。将室温保持在20℃左右,以确保褪黑素处于最佳分泌状态。

## 第5步:检查食物和血糖

一般情况下,太晚进食或进食过多都会提高人体内的皮质醇水平,使我们难以入睡。一些患者对某些食品和饮料(最常见的有葡萄酒、辛辣食品、乳制品和快餐)很敏感,进食这些食物和饮料也会让他们保持清醒。如果你也有这类情况,请在下午六点后避免食用这些东西。

另一种情况是,睡前血糖较低也会使我们难以入睡。当动物体内血糖较低时,其大脑就会想去觅食,释放压力荷尔蒙。如果你的血糖含量很低,可以在睡前食用蛋白质和碳水化合物食物(可以吃点火鸡配一片苹果片或者坚果黄油搭配一块米饼)。但是注意不要食用过多!我给患者的另一个建议是在床边放一些蓝莓,当他们醒来很饿时,就能很方便地解决问题。如果你感到特别焦虑和恶心,请准备一杯加了肉桂粉的热杏仁奶,并把奶放在保温瓶里。如果你醒来感到恶心,这杯温热的饮料可以帮你平复胃部恶心的感觉。

## 第 6 步：睡前日记

我们中的许多人都过着忙碌的生活，甚至在白天都没有安静或可以放松的时候，到了晚上又必须上床睡觉了——哪怕之前你一直处于高速运转的状态，你也必须睡觉去。当我们独自睡觉时，大脑说："好吧，现在你终于属于我了。让我们回顾一下某些事情吧。"大脑（以及潜意识心智）就会开始处理事情——对于很多事情，一遍又一遍地反复思虑。这时，所有的想法一下子涌入脑海：家庭问题、关系问题、工作压力、财务困境、对核战争的担忧，等等。这些想法来势汹汹，使我们处于压力模式，因此大脑和身体无法停下来放松、休息。

在这种情况下，我强烈建议你参考我每晚都会做的事：睡前几分钟，我会坐在橙色的灯光下，为第二天列一份"待办事项清单"。我写下了需要最优先完成的事情，然后把清单叠好放在一边，这样我就有效地"释放"了任务的压力，明天再去想这些事情。如果你列出了这份清单，当你去看心理医生或综合科医生时请带上它——医生可能想知道在那些夜晚发生了什么事情。沃尔特·惠特曼（Walt Whitman）说："直到我读到我写的东西，我才会去思考。"虽然写下这些事情可能无法解决你的顾虑，但写作这种行为本身是有助于你处理这些问题的。

## 第 7 步：睡眠的自然疗法

我建议你依照上面的步骤尝试两周，看看你的睡眠状况是否有所改善。如果你的睡眠问题还未能彻底解决，那就可以尝试服用一些天然药物了，让这些药物发挥其惊人的作用吧。

### 镁

镁是我最喜欢的补充剂之一。它能使我放松身心，对心脏和血管也有益，还能减轻体内的炎症，并有助于平衡神经递质的产生。在有情绪问题的人中缺少镁很常见。如果人体内的镁含量不足，生物钟就会受到影响，睡眠模式也会受到影响。

研究发现，镁有助于延长睡眠时间，提升睡眠质量，改善过早醒来的问题，还能帮助我们更快地进入睡眠状态。镁就好比一站式商店，能解决很多睡眠问题。

镁的服用剂量通常是每天 400~500 毫克。我一般推荐患者每天服用 2 次，每次 250 毫克，睡前服用最后一次。我最喜欢的含镁补充剂是甘氨酸镁。甘氨酸是一种以其自身的镇静功效而闻名的氨基酸。目前来看，如果你的肾脏健康状况良好，甘氨酸与镁结合不会产生中毒反应。服用甘氨酸镁之前请咨询医生。此外，有些人的肠道非常敏感，镁可能会导致便溏。如果你出现了上面所说的副作用，请减少剂量，直到肠胃恢复正常。

### 褪黑素

褪黑素是一种强大的抗氧化剂，可保护大脑和神经组织。作为补充剂，褪黑素最早被认为是解决时差反应问题的最佳选择，而且现在由于其抗氧化特性和辅助化疗作用而被认为具有抗癌作用。研究表明，褪黑素水平过低或延迟释放会引发焦虑症，因此褪黑素被广泛用于睡眠辅助治疗和抗焦虑治疗中。一些焦虑症患者可能会担心褪黑素的安全性，但是我可以向你保证，褪黑素是非常安全的，而且不会轻易成瘾——它甚至可以作为睡眠辅助品被用于儿童注意力缺陷症的治疗中。

市面上在售的褪黑素补充剂有多种形式和剂量，从 0.5 毫克到 20 毫克不等。定期服用褪黑素可以帮助身体平静下来，让大脑知道什么时候该睡觉了，而且如果你经常在半夜醒来或者清晨过早醒，褪黑素延时释放药效的功能可以帮助你保持睡眠的状态。

如果你有难以入睡的问题，可以从服用 1 毫克剂量的常规褪黑素开始，最多不超过 3 毫克，在睡前 45 分钟服用。如果你没有入睡问题但难以保持睡眠状态，则可以服用延时释放的褪黑素（有时被称作持续释放褪黑素），可以从 3 毫克的剂量开始，最多不超过 6 毫克。

虽然这些剂量的褪黑素没有毒性，但如果你早晨醒来感到头昏，可以适当减少一点剂量。如果你发现即使是服用 1 毫克也会引起晕眩，那就尝试液体褪黑素，剂量可以减少到 0.1 毫克。有些患者对褪黑素非常敏感。夜间哮喘或血液癌患者是我唯一不推荐使用褪黑素的人群。

有几种日常食物中含有少量的褪黑素，例如燕麦。虽然燕麦对身体有镇定作用，但你得吃大约 20 碗燕麦才能获得相当于一粒褪黑素药丸中的褪黑素含量。酸樱桃、生姜、西红柿、香蕉和大麦中也含有微量的褪黑素。一项针对酸樱桃汁的研究发现，酸樱桃对促进睡眠有轻微的作用，对于轻度失眠的人来说，酸樱桃值得一试。

### 色氨酸

色氨酸（有时被称作 L- 色氨酸）是一种天然来源的氨基酸，作为神经递质血清素的前体，它是帮助我们保持睡眠的必需物质。当人体内的色氨酸含量较低时，会导致广泛性焦虑症和惊恐症发作。早在 20 世纪 90 年代初期，我在耶鲁大学的一个实验室里进行了"色氨酸耗竭研究"，在该研究中，给容易出现焦虑症状的被试提供不含色氨酸的饮食，几天后，这些被试表现出焦虑、惊慌和情绪不稳定的症状——他们的睡眠情况也出现了诸多问题。

我通常会给患者开 500~1000 毫克的色氨酸，让他们睡前服用，不过根据需要，剂量也可能会提高到 2500 毫克。可以在睡前服用色氨酸外加一片简单的碳水化合物（如苹果片）——碳水化合物会提高体内的胰岛素水平，而胰岛素则有助于促进大脑中色氨酸的吸收。在我的诊所里，我用的是一种叫作色氨酸钙（Tryptophan Calmplete）的色氨酸补充剂，它含有 B 族维生素。

虽然大多数传统的精神科医生害怕将色氨酸等天然药物与传统药物混合使用，但研究表明，二者可以安全地混合使用。在一项为期八周的随机对照实验中，作为重度抑郁障碍的日常治疗手段，实验对 30 例重度抑郁症患者进行了 20 毫克百忧解［一种选择性 5- 羟色胺再摄取抑制剂（下文简称 SSRI）类药物］与 2000 毫克色氨酸的组合治疗。研究结果表明，结合使用色氨酸和 SSRI 类药物可以帮助患者改善情绪并保持睡眠状态。

如果你在美国互联网医疗健康信息服务平台（WebMD）这样的网站搜索色氨酸，这些网站会告诉你色氨酸是不安全的。其原因在于，20世纪90年代初美国出现了嗜酸性粒细胞增多-肌痛综合征（eosinophilia-myalgia syndrome，EMS），有30人感染了该疾病，他们在服用色氨酸补充剂后出现了不适症状（甚至有些人因病死亡）。这一悲剧性事件的发生与色氨酸本身是没有关系的，原因在于生产该色氨酸补充剂的厂家没能做好质量把控，在生产制作过程中带入了细菌。我认为，在像WebMD这类网站背后有人故意让这些说法流传至今，他们真应该好好做些功课。他们散布这种错误信息误导患者，而那些在这类网站上投放广告的制药公司将继续从中获益。我自己也服用过色氨酸，而且我的家人和无数患者都在服用色氨酸，它除了能帮我们改善睡眠和心情外，完全没有其他的副作用。

**缬草**

缬草是一种助眠草药，现有的对缬草的研究比其他任何助眠草药的研究都多。缬草的英文是"valerian"，其词根"valere"来源于拉丁语，意思是"健康"。尽管人们对缬草很了解，但缬草和安定（英文是"valium"）没有关系，二者唯一的联系在于它们的英文单词的前三个字母相同。

如果你正经受重度焦虑症的折磨且患有失眠问题，那缬草对你来说就是一种很好的草药。这种草药能促进GABA神经递质的分泌，能帮助我们保持镇静，弱化"战斗或逃跑"等应激反应。

2010年，一个研究小组针对缬草进行了18种不同的医学试验，研究发现缬草在治疗焦虑症和促进睡眠方面是有效的。例如，其中一项试验发现，每天服用两次约530毫克的缬草，连续服用四周，可帮助女性提高睡眠质量，比服用安慰剂效果要好。

患者一般可在睡前两小时左右服用缬草，常用剂量为450~600毫克。对于每天都感到焦虑或者需要更多睡眠的患者来说，可以在上午或午后增加服用同等剂量的缬草。在许多情况下，缬草不会产生立竿见影的效果，患者需要定期服用缬草，当患者开始这样做时效果最明显。缬草已被证明对老年人和儿童都是安全的，但妊娠期或处于母乳喂养期的妇女不宜使用。一般来说，当患者停用抗焦虑药物时，他们的睡眠会受到干扰，处于该阶段的患者可以服用缬草，以帮自己保持稳定的睡眠。在小白鼠试验研究中，缬草已被成功应用于帮助动物戒断苯二氮卓类安定。

为了研究缬草对人类是否有帮助，巴西圣保罗的一个研究小组对19名平均使用苯二氮卓类药物七年以帮助睡眠的成年被试进行了同样的实验。在实验中，这些被试连续14天、每天服用三次缬草素或安慰剂，每次100毫克。停止使用苯二氮卓类安定后，服用少量缬草的被试的睡眠质量变得更好，并且可以更好地抵抗药物停用带来的副作用。在两周服药期结束时，与安慰剂组被试相比，缬草组被试在夜间醒来的时间明显减少。由此，研究人员得出结论，缬草和安定之间没有相互作用，缬草可以帮助患者更好地度过安定戒断阶段。由于缬草的活性成分可能会增加苯二氮卓类药物（如阿普唑仑或安定）的活性，因此，将二者一起使用时有必要咨询有经验的医生。

### 第 8 步：进行唾液皮质醇试验

对于有睡眠问题的患者，我总是通过检查他们的唾液水平来观察他们的皮质醇谱。如果患者在睡前、夜间或早晨体内的皮质醇水平过高，我会考虑让患者在睡前加服补充性的磷脂酰丝氨酸或乳酸以降低皮质醇水平，这样做有助于睡眠。

### 第 9 步：仍然焦虑怎么办

如果你在睡觉时仍感到非常焦虑，或者常在半夜醒来，可以试着加服一些补充性的 γ-氨基丁酸（GABA）或菲尼布特镇静剂（phenibut），可以在睡前服用，也可以在晚上醒来时服用。

GABA 和菲尼布特都适用于缓解普通的焦虑症。如果焦虑症让你难以入睡，服用这两种中的任何一种都能帮助你重新入睡。首先，可以尝试 250~1000 毫克的 GABA。如果效果不明显，则可以尝试药效更强的菲尼布特，从 300 毫克的剂量开始（有关 GABA 和菲尼布特的更多信息见第七章）。

## 中药助眠

在第六章讨论心身疗法时我们将会讨论针灸和中医的益处，这里我将对与睡眠有关的中医学做一个简要的介绍。中医里有一个时钟，它将时间和人体的器官联系在一起,每个器官都代表着一天中特定的时间和与之对应的情绪。中医理论认为,当你每天在某个特定的时间段出现问题,就有必要去思考是哪个器官与这段时间对应,因为每个器官都对应着一种情绪,而情绪是引起问题的根源。虽然这听起来有点离谱,但这种关联性有中国人数千年的科学观察作为佐证。下面的清单解释了与凌晨这一时间段对应的器官和情绪。

- 23:00 – 1:00　胆囊——沮丧、不满和愤怒

治疗:与治疗师或医生一起处理这些情绪,并食用富含纤维的食物。

- 1:00 – 3:00　肝脏——滞留在体内的压力和压抑的情绪

治疗:处理这些情绪,吃一些对肝脏有益的食物(如羽衣甘蓝、欧洲萝卜、朝鲜蓟、甜菜和蒲公英)。考虑服用奶蓟草补充剂,也可以服用一种叫作"逍遥丸"的中草药,该草药有助于疏通肝气。

- 3:00 – 5:00　肺——悲伤、极度的悲恸(如失去亲人或宠物)和忧虑

治疗:除了食用对肺部有益的食物(如亚洲梨),请与医生讨论这些情绪。另外,忌食生冷食物,多吃炖汤熟食。

- 5:00 – 7:00　大肠——悲伤、失落、忧虑

治疗:大肠是留存的器官,所以要和治疗师或医生谈谈你可能在留存、不愿放手的东西。此外,确保摄入足够的纤维,并考虑服用谷

氨酰胺粉（每天 1 茶匙）和丁酸补充剂，有助于保持大肠健康。

### 服用多种补充剂

虽然上述任何一种补充剂都可以单独发挥价值并达到相应的疗效，但在整体护理医学中，为了获得更好的效果，人们常常将这些自然疗法结合起来使用。以 2011 年意大利的一项双盲研究为例，在该研究中有睡眠障碍的被试在睡前一小时服用 5 毫克褪黑素和 225 毫克镁，结果显示他们的睡眠得分有了显著的提高，睡眠质量也有所提升。当我们睡眠充足时，第二天会更警觉，更"在状态"，研究中的被试也是如此。通常情况下，我会建议患者一次只服用某一种补充剂，如果这种补充剂对他没有效果，再加服其他补充剂。

你大可不必有这样的担忧：一次服用多种补充剂会有问题，因为补充剂不是药物。它们更像是装在胶囊里的食物，能温和地跟我们的身体进行交流，并推动它朝正确的方向前进。因此有时，为了达到所需的效果，你需要同时服用多种补充剂。

### 最后的睡眠笔记

我们在本章深入了解很多信息。如果你有睡眠问题，这些策略都值得一试。当你的睡眠状况得到改善后，焦虑的症状也会随之消失。现在，通过阅读上面的内容，你已经知道哪种补充剂是最好的选择，你可以开始服用补充剂了。要注意的是，你可能需要根据个人情况调整服用的频次和剂量,相信你可以做到的!

## 恢复睡眠健康检查表

- 建立睡眠仪式。
- 服用有助于睡眠的补充剂:
  - 服用常规褪黑素以帮助入睡;
  - 服用延时释放褪黑素以保持睡眠状态;
  - 服用镁以帮助放松身体;
  - 服用色氨酸以帮助保持睡眠状态;
  - 服用缬草以帮助入睡;
  - 服用 GABA 以帮助入睡并保持睡眠状态。
- 找出自己的失眠时间在中医里对应的时钟,尝试中草药、中式养生食品和中医疗法。

第四章

# 用运动驱散焦虑

> 适应不舒适。
>
> 吉莉安·迈克尔斯（Jillian Michaels）

### 病例：患有焦虑症、疑病症和心悸的迈克

迈克，47岁，是一名金融分析师，住在纽约市郊外，每天上下班往返的时间将近两个小时。为了能赶在早上7:00前上班，他凌晨4:30就要起床，然后一直工作到下午4:30左右。下午的交通更加拥挤，他每天下班后直到晚上7:30才能回到家。到家后迈克会亲吻孩子们，和他们道晚安，然后吃点东西，接着上床睡觉，第二天重复同样的生活流程，这样的生活模式他维持了10年之久。

迈克来找我是因为在过去五年中他出现了"心跳加速"的问题，心跳非常快。他担心自己会患上心脏病，所以去

找了一些顶尖的心脏病专家做检查,但专家说他的心脏状况良好。当迈克知道自己的心脏没问题后,就开始担心自己存在其他健康问题。他担心自己会患上结肠癌,担心自己可能在上、下班途中发生交通事故,这样的担忧在他的脑海中挥之不去。后来迈克又回去看心脏科医生了,医生告诉他,尽管他的心脏状况良好,但是血压升高了。医生给他开了降压药,并建议迈克去看精神科医生。

迈克不想吃药,于是来找我了。迈克确实有轻微的心悸,他告诉我他经常会产生自己生病或受伤了的念头。详细了解了迈克的情况后,我建议他调整饮食,多吃富含纤维的食物和蔬菜,多喝水,并给他开了镁类补充剂以帮他保健心脏。

我还给迈克做了唾液压力检测,检测结果显示他的压力荷尔蒙水平非常高。于是我让他服用一些印度人参,并且向他强调锻炼的重要性:可以降低血压,缓解焦虑。我告诉迈克,就像在野外当动物感到压力时会通过奔跑或战斗来燃烧掉压力荷尔蒙,他身体分泌的压力荷尔蒙也需要通过运动燃烧掉。而迈克基本上就只是坐在车里,没有做什么运动!后来,虽然迈克的日程安排依然很紧凑,但他还是腾出了足够的时间来运动,每周做四次举重、有氧运动和拳击训练。拳击和击打沙袋都是很好的燃烧压力荷尔蒙的运动选择。两个月后,迈克的体重下降了,不用再服用降压类药物了,心情也变好了,而且他还有了新的爱好——拳击。

在 2000 多年前，被誉为"医学之父"的古希腊医师希波克拉底（Hippocrates）就已经知道，如果一个人出现了情绪问题，就需要站起来活动活动身体。希波克拉底认为，户外运动能很好地调节情绪。

事实上，医学研究已经证明运动对身体有诸多好处。大多数好处已被大家熟知，我在这里只列举其中的一部分。

- 降低体内有害胆固醇的含量，提升有益胆固醇的含量。
- 预防糖尿病。
- 预防癌症。
- 促进血液循环。
- 帮助排毒。
- 降低血压。
- 保持体重并预防肥胖。
- 促进线粒体（体内的能量包）再生。
- 延长寿命。
- 预防阿尔茨海默病和大脑功能衰退。
- 预防抑郁。
- 减轻焦虑。

正如前纽约扬基棒球队球员兼播音员菲尔·里祖托（Phil Rizzuto）常说的那样："哇，不会吧！"是的，哇，不会吧！什么药物或补充剂能起到这样的作用呢？据我所知，没有。不然我肯定会服用的！

对我来说，运动是消除焦虑感的关键，能在消极模式开始发挥威力之前就击退它。例如，由于我的爱人非常了解我，因此，当我说话语速较快，呼吸短促，或者对她说一些负面的话时，她会中断我们的谈话，看着我说："你知道吗？你应该先去跑步，跑完步回来后我们再谈。"

专家认为，运动可能是有史以来对焦虑症和抑郁症最有效的"药物"。运动已被证明可以减轻焦虑感和恐慌感，减少负面情绪，同时提升自尊心，甚至还能提高记忆力。另有大量研究表明，运动可能是有史以来最好的"抗抑郁剂"。

我知道，有时，当你感到焦虑不安时，你会心跳加速，感觉就像焦虑症发作一样。正如吉莉安·迈克尔斯提醒我们的那样，我们应该习惯于这种健康的不适感。运动可作为众多治疗焦虑症的方案中的一部分，将帮你解决这个问题。

## 运动缓解焦虑的作用原理

那么，运动是如何帮助我们缓解焦虑感的呢？这里涉及一些身体机能的知识。

在第二章中，我们知道了人的思想和恐惧感会驱动大脑中枢并刺激身体产生被称作"战斗或逃跑"的应激反应。这种感觉类似于"我很焦虑，因为我现在必须逃离一头大恶熊"。如果你在现实生活中也遇到需要逃离的"大恶熊"，那你会怎么做呢？毫无疑问你会想要逃跑，你的身体会产生肾上腺素和皮质醇等压力荷尔蒙，它们在你奔跑的过程中得以燃烧掉。在这种情况下，焦虑是一件好事，因为它让你避免了被恶熊吃掉的结局！当你做完运动后，压力荷尔蒙被全部耗尽，于是你会感到平静和放松。

当然，在现代生活中，我们几乎不需要真的逃跑。假设此时你不在森林里，也没有被恶熊追赶，而是在工作，在参加一个董事会会议，你同样能感觉到那种熟悉的焦虑感。如果这时你逃跑了，等你再回来时可能已经丢了工作。因此，你只好继续坐在那里，心里感到更恐慌、更焦躁。这些压力荷尔蒙在你的身体里流动，让你感到焦虑（表现为心悸、出汗、人格解体、虚无缥缈的不真实感、胃痛等）。你被困住了，而且你没有机会消耗掉这些压力荷尔蒙，只能任由它们继续折磨你。

有规律的运动可以降低压力荷尔蒙的整体水平，从而消除这种被困住的焦虑感。经常锻炼的人会发现，即使他们在董事会会议上感到压力很大，也不会被这种感觉击垮。

有规律的运动在对情绪产生积极影响的同时，对生理的影响也在起作用。除了会燃烧压力荷尔蒙外，运动还可以保护大脑中能稳定情绪的区域。

运动能促进一种重要的中枢神经系统分子——脑源性神经营养因子（BDNF）的生成。BDNF 在构建神经细胞（被称为"神经发生"，即生成新的神经元）方面起着重要作用，并有助于神经系统修复损伤。就好比建造和修缮房屋以使房屋保持良好状态，这些建造和修缮功能对保持大脑和情绪的良好状态也是至关重要的。

此外，运动还被证明可以维持大脑的海马体。大脑的海马区是影响情绪、空间关系和记忆的重要区域。一项针对 120 名阿尔茨海默病患者的研究显示，被试每周进行三次中等强度的有氧运动锻炼，一年后其大脑海马区体积增加了约 2%。由于这个数字是老年人的海马体随着自然衰老每年体积的减少量，因而研究人员得出结论，锻炼可以有效地逆转自然衰老导致的脑容量缩减。而该研究中，那些没有做有氧运动而只做伸展运动和塑形运动的被试组的海马体体积按照正常的衰老速度减少了 2%。

## 有关锻炼能缓解焦虑的实证

与最先进的抗抑郁药物和抗焦虑药物相比，运动有着明显的效果。一项针对 156 名抑郁症患者的随机对照试验（RCT）比较了运动锻炼和抗抑郁药物左洛复（Zoloft）对于抑郁症的治疗效果。研究人员发现，虽然通过锻炼达到抗抑郁的效果需要更长的时间，但从长远来看，其效果与药物一样好，且运动组被试的抑郁症复发率明显低于药物组被试（复发率分别为 8% 和 31%）。

还有一项随机对照试验观察了一些 50 岁以上的抑郁症患者。研究人员建议其中一组抑郁症被试通过运动锻炼来治疗抑郁症，而另一组被试则服用抗抑郁药物。这项试验结果再次表明，服用药物的被试的抑郁症状得到了明显改善，但 16 周后，运动组被试的抑郁症状也出现了同等程度的改善效果。

运动对焦虑状态也有诸多明显益处。我们之前谈到过过多的压力荷尔蒙皮质醇会如何冲击大脑，特别是大脑的海马区，当体内压力荷尔蒙含量过高时，海马区的体积就会缩减。针对动物的实验也已表明，运动可以逆转海马体的萎缩。

如上所述，关于人类的研究试验显示出运动对人类也有相同的益处。运动有利于生成新的脑细胞，并且在大脑细胞过度兴奋时，能帮其恢复平静。美国普林斯顿大学（Princeton University）最近进行的一项老鼠实验表明，那些经常运动的老鼠的体内不仅会生成新的神经细胞，而且还能产生更多的使动物平静下来的神经递质，尤其是 GABA。

运动还有助于身体排毒。排毒对于清除大脑和神经系统炎症都是非常必要的——因为炎症会引发焦虑情绪。这可能是运动有助于缓解焦虑的众多原理之一——缓解大脑炎症。

运动能够促进体内循环，从而有助于把更多的血液运送到人体主要的排毒器官——肝脏、肺部和肾脏，而且运动有助于去除多余的皮下脂肪——这些皮下脂肪中留存着许多毒素。运动还能促进淋巴系统的循环。淋巴系统是人体的排毒系统，能收集体内的废物和毒素。心血管系统中心脏向周围泵送血液，而淋巴系统却没有这样的内置泵。不过，每当我们活动肌肉时，淋巴系统就有机会将其里面的物质传输到静脉，从而将体内新陈代谢产生的炎症废物排出体外。当肌肉得不到锻炼的时候，淋巴系统就无法排毒，炎症也就随之出现了。最后一点，运动还能帮助身体进行深呼吸，确保细胞更好地与氧气结合。

## "嘿，医生，我不知道你怎么样，但是我就是不流汗"

如果你不运动，你可能就没有机会流汗了。流汗是身体清洁和排毒的主要途径。许多患者告诉我："我不怎么流汗。"对于犬科动物来说，这句话可能是对的，因为这类动物没有汗腺，必须通过喘气和吐舌头来调节体温。在一些极其罕见的医疗案例中，有的人的确没有汗腺——我怀疑你可能是其中一例。否则，你应该和我们绝大多数人一样会流汗。如果你运动了却依然发觉自己没有出汗，那可能是运动强度不够，或者你可能脱水了，身体在储水。

事实上，很多人都出汗不够多。只有30%的成年人的运动量是达标的。我们整天在恒温环境下生活和工作，出行乘坐的火车、汽车和公共交通也都配有空调。一般来说，我们不流汗是因为没有机会。人类用来清除体内化学废物和毒素的方式很少，只有排便、排尿、呼吸和出汗这四种方式。人体的汗腺能将体内温暖的水分带到皮肤表面，从而帮助调节体温——当水分蒸发时，皮肤会变凉。汗腺的第二个作用是排毒，这一作用不容小觑。人类皮肤上有多达260万个细小毛孔，被称作"第三肾"，它们可通过排汗清除多达30%的身体废物。汗液的主要成分是水，但也包含尿素（肾脏蛋白质分解的产物）、微量金属和矿物质。汞是已知能通过汗液排出的众多毒素之一。

为了帮助身体正常排汗，请定期做运动。如果你已经开始做运动了但还是没有出汗，请考虑通过加快速度或者增加有氧运动机的倾斜角度来增加运动的强度（除非医生另有说明）。有时，与教练一起运动可以帮你安全地找到排汗的诀窍。通常，流汗可能会使人感觉不舒服。如果你患有焦虑症，要知道那些不舒服的感觉是正常的。运动并不会伤害你，反而对你有很大的帮助。

瑜伽爱好者可以尝试高温瑜伽，需要在摄氏 40.5℃ 左右的温度下练习 90 分钟。除了日常运动外，你还可以考虑通过蒸桑拿的方式来增强排毒。湿蒸桑拿比干蒸桑拿更有效。蒸桑拿会产生水珠，这些水珠几乎能瞬间粘附在皮肤上，以防止身体在蒸发的过程中散失热量。当体温升高时，这可能会加快体内的排毒和愈合过程。当然，这方面还需要进行更多的研究。

如果你不知道从哪里开始，那就试试下面这个简单的运动排毒方案吧。

- 初级阶段：每周四天、每天 30 分钟温和的间歇性有氧运动；外加两天瑜伽排毒。
- 中、高级阶段：每周四天、每天一小时的有氧运动，最后 30 分钟可以做间歇性有氧运动；外加两天阻力训练和排毒瑜伽。

**不要为了运动牺牲睡眠时间**

研究表明，如果动物在精疲力竭的情况下睡眠不足，运动的好处就无法得以充分的发挥。因此，为自己制订一个有效的睡眠计划是非常重要的，不要为了锻炼牺牲睡眠时间。

## 促进海马体生成的运动方案

如果你是运动新手，我会建议你慢慢来，从你喜欢的运动开始。我喜欢待在户外，所以跑步对我来说很合适，而且每周会去几次健身房做阻力训练和力量训练，因为仅靠跑步并不能像我们保持长期健康所需要的那样锻炼肌肉。

为了避免受伤，在开始锻炼时可以做些简单的运动。如果可以的话，走到大自然中，到绿树成荫、阳光明媚的户外去，慢跑、散步和跆拳道都是很好的选择。如果你不能负重或者不能进行比较剧烈的运动，那就考虑比较温和的运动方式，如游泳或使用椭圆训练机。有些行动不便的患者可以使用台式手动踏步机运动。

前面我们讨论过一项研究，该研究表明运动可以帮助我们生成大脑海马体。大脑的海马区会随着年龄的增长而萎缩，而焦虑感会加快海马区的萎缩，但是人类可以通过运动来逆转这种萎缩的趋势。以下是促进海马体生成的运动方案，读者可以直接复制使用。

- 每周运动 4 天。
- 在跑步机上进行低强度的热身运动或者在动感单车上锻炼 5 分钟。
- 拉伸运动 5 分钟。
- 在动感单车、跑步机、阶梯运动器和椭圆机上进行 40 分钟的有氧运动。
- 休息一下，拉伸 10 分钟。

## 运动清单

- 制作运动日程表，每周至少运动三到四天，运动强度根据自身的情况而定，可以从比较温和的运动开始。
- 每周运动五到六天，有氧运动和无氧运动交替进行。
- 如果你能轻松驾驭运动强度，可以进行间歇性有氧运动。

第五章

# 打造健康的消化道

> 你说你在吃饭的时候,也要让他饱听你的教训,所以害得他消化不良,积郁成疾。这种病发作起来,和疯狂有什么两样呢?
>
> 莎士比亚

### 案例:患胃病和焦虑症的萨拉

萨拉,49岁,患有焦虑症、睡眠问题和潮热。她患潮热约有10个月之久,睡眠和焦虑问题也已经持续了半年。在来找我之前她已经看过好几个医生了,既看过传统医学医生,也看过整体自然医学医生。传统医学医生对她说:"这是激素引起的——症状是伴随绝经产生的,这段时间你得熬过去。"为了帮助她安然渡过难关,医生给她服用了阿普唑仑和安必恩,前者用于白天治疗焦虑症,后者用于改善睡眠问题。阿普唑仑确实能让萨拉平静下来,但萨拉觉得安必恩让她"睡了个奇怪的觉……就好像没睡过觉一样"。萨拉对药物的综合表现和效果不甚满意，于是去看了一名整体医学医生，该医生推荐她服用生物同质性激素。萨拉想到她母亲患有乳腺癌，因此不想再尝试这类药物。

萨拉解释说，不吃阿普唑仑，焦虑就会变得越来越严重，但是她别无选择。在我们第一次见面的时候，我询问她的消化情况，她回答说还可以。进一步了解后，我才知道她的消化系统一点儿也不好。她每周最多排便2~3次，有时甚至将近一周都没有排便，然后便会出现类似腹泻的大量排便。我问她是否患过肠易激综合征，她回答说她在十几岁时被诊断出患有此病，但情况没那么糟糕，她知道该如何去应对。实际上，她在当时有过一些创伤性的经历，并且直到今天，她的心中仍然有许多被压抑的焦虑情绪，这些焦虑最终随激素的变化而被释放出来。

我向萨拉解释说，消化是影响神经递质平衡和情绪的关键。压力和压抑的情绪会抑制消化，所以这两种问题都需要被解决掉。虽然激素的变化可能刺激并引发了萨拉的症状，但我的感觉是，激素的变化只是压倒骆驼的最后那根稻草而已。

于是萨拉向我咨询如何改善压抑的情绪。我给出的方案是在她的饮食中添加更多的高纤维食物（如绿色蔬菜、亚麻籽和水果），并建议她每天少食多餐，同时每天添加两次

> 少量的车前草纤维，再加上肠溶性薄荷油，以此促进结肠运动，以便解决消化问题。为了帮助萨拉解决睡眠问题，我让她服用定时释放型褪黑素，并让她按照第三章中谈到的睡眠仪式那样去做。最后，我还建议她将豆制食品和亚麻餐搭配食用，以平衡雌激素的波动。
>
> 三周后，萨拉焦虑的症状得到了缓解，睡眠问题也得到了改善。而且她的排便问题也解决了，每天都能排便。萨拉的案例很好地说明了先着手处理消化问题的好处，这样可以让身体重新恢复平衡，得以平静。

## 焦虑和肠道的联系

你多久能听到一次关于情绪和消化道之间的紧密联系的话题？可能数都数不过来。如果你不知道我在说什么，想想你是否听过下面这些话：

"这是一种直觉。"
"我心里七上八下的。"
"要抓住男人的心，就要先抓住他的胃。"
"我的心在我的胃里。"

研究也证实了肠道和情绪之间的确存在联系。2008年罗马的一项研究调查了1641名有肠胃问题的人，发现他们大多数都患有焦虑症，并且大约四分之一的人还患有抑郁症。尽管如此，但现代精神病学却几乎忽略了肠胃系统和焦虑之间的联系。这就是我认为当前的现代精神病学的方法无法彻底治疗情绪障碍的原因之一。

自然疗法医生中流传一句老话："如果你不知道哪里有问题，又不知道该如何治疗，那就治疗肠道。"消化系统是治疗疑难杂症的首选治疗目标。数百年来，整体医学的医生们都已知道，改善消化系统能够改善包括情绪在内的整体健康状况。现代科学也开始注意到这一点。

常规医学把所有的情绪障碍都归为精神科医生负责的领域。本书在表 1–1 中列出了血液检查清单，这份清单涉及的一些领域的专家包括血液学家（研究红细胞和白细胞）、内分泌学家（研究激素平衡）、神经病学家（研究神经系统）、心脏病学家（研究心脏和血管）、毒理学家（研究体内毒素），以及营养学家（研究体内的维生素水平）。这是一个由许多专家组成的理想团队，他们的研究领域不仅覆盖精神病学，还涉及很多基础疾病领域。在本章中，我将说明为什么胃肠科医生（胃和消化科医生）也应参与其中。

迈克尔·格尔森（Michael Gershon）的著作《第二大脑》（*The Second Brain*）对消化系统做出了新的解释。格尔森认为，消化不仅是从食物中吸收营养并排泄出不需要的东西，还会影响大脑和神经系统。在书中他首次向读者解释说，消化道有一个强大的神经和激素系统，与实际的中枢神经和激素系统本身一样活跃和有效。胃肠道有时被称作"肠道"神经系统（这里"肠道"一词指的是消化道），它是体内神经递质的主要来源，跟焦虑症和情绪密切相关。

消化道将（来自肉类和坚果类食品的）蛋白质分解为氨基酸色氨酸。在消化道中，色氨酸被转化为神经递质血清素。当你的消化功能不佳时——通常是由压力、饮食不良、睡眠问题和毒素引起的——消化道中的炎症就会增加。而且，当炎症比较严重时，人体就将减少大脑对色氨酸的吸收。

一个典型的例子是患腹腔疾病的人，他的这种慢性炎症会导致营养吸收不良。此外，作为一种保护机制，刺激性食物和炎症会刺激消化道将血清素送入消化系统，并促进其在消化系统中快速移动以清空肠道。你是否有过因恐惧而腹泻的经历？血清素的运动是导致情绪紊乱、饮食不良和压力大的人腹泻的主要原因。

科学研究清楚地表明了肠道问题与情绪具有相关性。约有20%的功能性肠道疾病（如肠易激综合征）患者被诊断为精神疾病患者；近三分之一的重度抑郁症患者可能会受到便秘的困扰；肠易激综合征患者易患焦虑症和抑郁症。据我治疗患者的经验，很多焦虑症患者在几年甚至几十年前就出现了消化问题。

你知道多少人存在自尊方面的问题吗？女性特别容易出现自我意识低下的问题。你是她们中的一员吗？有趣的是，排便与女性的自我价值感以及维持伴侣关系的能力密切相关。

在《肠道》（Gut）杂志上发表的一项研究跟踪调查了34名女性，其年龄在19~45岁之间，她们都患有严重的便秘，被便秘问题困扰长达五年以上。与不受便秘困扰的女性相比，遭受便秘困扰的女性的健康状况较差，难以建立亲密关系，并认为自己"不那么女性化"。存在便秘问题的女性身上还出现了直肠血流量减少的情况，而直肠血流量较低与焦虑和抑郁密切相关。另外，便秘还与身体症状不佳及不擅社交有关。该研究的作者得出结论，女性的内在心理结构会改变连接大脑与消化道的神经的功能。当女性感受到压力时，其肠道功能会减弱，导致便秘。众所周知，产生健康情绪所需的大多数神经递质都是在消化道中产生的，因此不难理解，肠道功能的减弱将会影响女性的自我感觉及她在人际关系中的反应方式。

## 避免便秘困扰的四种做法

现在你知道为什么保持好心情需要良好的排便功能了吧。因此，人们想要促进肠道运动是有原因的。我建议患者每天至少排便一次（最好是在早上），尽管有些医学文献称一周三次排便就是"正常的"。下面列举了一些做法，能帮你使肠道处于最健康的运动状态。

1. **喝水**。水除了有助于吸收像色氨酸这类重要氨基酸外，还可以使物质在体内保持流动的状态。如果你没有喝足够多的水，身体就会从结肠里吸收水分，从而使粪便变干，导致便秘。对于大多数人来说，每天喝两升纯净水是最理想的。

2. **摄入足够的纤维**。每天摄入约 25 克纤维能帮助我们保持好心情。很多水果和蔬菜中都含有丰富的纤维，亚麻籽粉、车前草、有机梅干中也富含纤维。研究表明，每天喝两大杯加入了约 7 克（一茶匙多一点）车前草的水，能帮助老年便秘患者摆脱对泻药的依赖。

3. **减轻压力**。在度假时你排便是否更顺畅了呢？许多患者告诉我，当他们放松时，每天都会排便，但是一旦回到工作状态，排便就不顺畅了。这说明压力是影响消化过程的重要因素。无论是针灸、冥想、瑜伽还是度假，定期进行减压很重要。我们将在下一章中讨论减压的方法。

4. **天然泻药**。如果以上做法还不能帮你解决问题，天然补充剂就可以派上用场了。镁补充剂比较温和，有助于肠道更快蠕动——典型的通便剂量是 400 毫克，最多不超过 1000 毫克。氧化镁是镁元素中最便宜的一种。虽然我不推荐用它来治疗焦虑症，但氧化物对于软化大便效果最好。浓缩泻盐浴也有通便作用——泻盐由硫酸镁制成，能够通过肛门黏膜被吸收。大剂量的维生素 C（每天 3 克或以上）也有促进排便的作用。

极端情况下，我推荐患者使用番泻叶或药鼠李等泻药，可以将其当作茶饮。或服用药丸，药效更强。相比前面讨论过的方法，患者应该谨慎地使用这些药物，并且使用期限应尽可能短，只能持续几天，最多一到两周。任何泻药都会使身体对其产生依赖，随着时间的推移，它就不再起效，反而会加重便秘的程度。服用泻药只能是一个短期解决方案，并不能从根本解决便秘问题。

## 如何让消化道更健康

既然你已经了解了消化系统与焦虑症之间的联系，那么现在让我们制订一个计划，以促进消化系统的健康。

**1. 解决便秘问题**。如果你排便不规律，请参考上文中的解决方法，这是实现消化健康的第一步。

**2. 餐前仪式**。呼吸和喝点含苦味药草的酒或水。餐前做一两次深度的横膈膜呼吸可以帮助身体平静下来，并且有助于血液循环回到消化道。此外，饭前喝一点开胃酒会有助于你放松身心，促进消化酶的产生。开胃酒（餐后喝的话也可称为"消化酒"）是一种小型饮料，通常含有酒精和龙胆草等苦味药草。这些苦味药草能促进产生消化酶，刺激胆汁，帮助消化蛋白质和脂肪。如果你不能喝酒，则可以在温水或苏打水中加入龙胆草和黄芩提取物等苦味药草。

**3. 咀嚼，咀嚼，再咀嚼**。有句老话说："大自然会惩罚那些不咀嚼的人。"牙齿是我们身体里最坚硬的物质，我们进食时需要用牙齿来碾碎食物。鸟类之所以能把食物整个吞下去，是因为它们有砂囊，可以把食物碾碎，而人类没有。所以你必须认真地咀嚼食物。

如果你咀嚼不充分，即使是健康的食物也很可能会刺激你的身体产生炎症。分解不充分的食物颗粒会刺激肠道免疫系统，而该系统约占人体免疫系统的70%，从而引起全身炎症。另外，咀嚼不充分意味着削弱碳水化合物的消化程度——许多患有肠道疾病对于许多克罗恩病、溃疡性结肠炎和小肠细菌过度增生等肠道疾病患者来说，如果他们进食时碳水化合物在口腔中能得到充分的分解消化，肠道疾病就会得到改善。

在电影《天才小麻烦》(Leave it to Beaver)流行的时代，美国人吃东西时在吞咽之前咀嚼食物多达 25 下。而有报告指出，现在的美国人最多只咀嚼 10 下。我相信大多数人甚至都没有咀嚼那么多下。如果我不刻意去想咀嚼这件事，我很可能顶多只咀嚼一两下，然后就把食物整个吞下去。我们不妨做个大便测试：当你下次排便的时候，可以观察大便，看看其中是否有东西看起来像食物被咀嚼之前的形状。如果有的话，就说明你咀嚼的次数肯定不够。

当你下次吃东西时，记得在吃之前先进行深呼吸，然后咬一口大小合适的量，数一数咀嚼的次数：要将食物反复咀嚼 20 下，直到食物的质地变得无法辨认才吞下去。

4. **选择健康的食物**。一般来说，按照地中海饮食的规定，进食天然食品（请参阅下面的"最佳情绪食物"部分）是一个很好的开始。如果你的消化能力不强，可以用慢炖锅煮汤，用这种锅煮的汤和食物较容易被消化道分解和吸收。

5. **放松身心**。为了保持肠道强健，你需要尽可能保持心神宁静。当动物认为恶熊要攻击它时，原始大脑会将所有的能量转移到需要战斗或奔跑的器官（肌肉、大脑、心脏）上，这被称作交感反应。这种反应的部分结果是导致身体关闭不需要的器官系统，相信你已经猜到了——消化道被关闭了，因为当你为了躲避恶熊而快速奔跑时你不会去吃东西（顺便说一句，你也会忘记性欲，因为在逃跑时你对性也没有兴趣，这就解释了为什么焦虑会降低生育能力）。一旦熊不再构成威胁，动物就会恢复副交感神经反应模式，也就是所谓的"休息和消化"。这个时候，消化道的功能就恢复了。

第六章中有关呼吸、冥想、针灸和按摩的讨论有助于你降低压力荷尔蒙水平，回到副交感神经模式。正如我们在第二章中讨论的那样，关注自己的思想是非常重要的。

**最佳情绪食物**

不管你的小狗出现了什么样的健康问题，只要你带它去看兽医，兽医问你的第一个问题都是："你给狗喂了什么？"因为兽医知道动物摄入的食物会对它的健康产生相当大的影响，一旦狗的健康状况不佳，首先要考虑的就是它的饮食。

一方面，尽管这一信条仍被大多数现代医学所忽视，但可以断定的是，你所吃的食物会在很大程度上影响你的身体状况。饮食不当会提高生病的可能性，尤其是当你本身就是易生病的体质时。另一方面，健康的食物可以改善身体的健康状况。在本节中，我们将讨论补充健康食物营养的益处，并且给出一些特别适合缓解焦虑情绪的食物选择。

越来越多的研究表明，健康的食物有助于预防焦虑，还能预防精神疾病造成的身体伤害。但哪种饮食是最好的呢？我想和你们分享一个我的个人故事。尽管医学院应该是一个学习和研究健康相关知识的地方，但我在西雅图的巴斯帝尔大学（Bastyr University）医学院的自然疗法项目中学习的第一年，压力非常大，我希望尽可能获取大量的信息，但这些似乎超出了我的能力范围——至少在消极的时候我是这么想的,那时20多岁的我做了很多心理上的工作,希望能够以此克服焦虑感,产生焦虑的部分原因是我当初所做的选择。现在我已经30多岁了,感觉第二波焦虑感正在逐渐逼近。

在那一年里,为了腾出更多的时间学习,我牺牲了锻炼和睡眠的时间。要阅读和记忆的东西太多了,所以我吃的主要是碳水化合物形式的快餐,以此来满足大脑对糖的需求(即使那些自助餐厅自制的人头大小的巧克力饼干,也没有帮助我做出更好的决定)。有趣的地方在于,大脑只占我们身体质量的2%,但它却会消耗身体总热量的一半。这就是为什么那些拼命学习的学生和压力大的人普遍喜欢吃饼干、百吉饼和蛋糕。讽刺的是,我在学习健康专业,健康状况却在直线下降。到了第二年,我出现了严重的失眠和焦虑,还经常心跳加速,而且感到烦躁不安。当失眠问题持续数月后,我的情绪也开始逐渐消沉。

我的父母是来自意大利西西里的移民,当时他们制订好了初夏去意大利的旅行计划。当他们得知我身体不适后,想让我和他们一起去旅行。我的母亲说:"你会感觉好一些的——你应该跟我们一起来意大利。"我却觉得这种想法难以接受,一想到要离开西雅图的家,去远在5000英里之外的西西里旅行,我就受不了。我敢肯定自己晚上会睡不好,担心时区的改变会打乱我的节奏。但我的母亲是个意大利人,她的内疚让我难受,因此我答应去意大利。

我从西雅图到纽约用了六个小时,接着又坐了六个小时的航班飞往罗马,再花一个半小时转机到达西西里岛首府巴勒莫,在巴勒莫这个小型机场降落后，迎接我的是炙热的巴勒莫阳光。我在西西里岛见到了我的父母，这里靠近我父亲的故乡——海滨城市卡斯泰拉马莱戈尔福海堡（Castellemare del Golfo）。我的母亲很担心我的健康状况，她做了任何一位慈爱的意大利母亲都会做的事——给我做了一顿美味健康的饭菜，用的是西西里橄榄油、几小时前在镇上买的新鲜鱼、当地种植的蔬菜、一小片新鲜的手工面包，以及一点红酒。镇上卖的鱼很新鲜，甚至都不用冰镇，因为是刚在附近的水域捕捞的，用海草包裹起来，并在数小时后出售。吃完饭后，我做了每一个西西里人都会做的事：在西西里的阳光下睡了一会儿。

到了第二天，我睡得像个婴儿，我的焦虑症状和身体症状都奇迹般地消失了！这并不是一项双盲、安慰剂对照研究，但当我现在回头看时，我猜想我当时所需要的可能只是地中海的阳光和食物——那种能让我的祖先保持健康的食物，那种希波克拉底给他的患者食用的食物。

远离书本和考试对缓解我的病情也有很大的帮助。想想看：我在西雅图灰蒙蒙的日子里苦苦挣扎了一年，参加了很多次考试，没见过多少阳光（这意味着我也没有摄入很多维生素D），而且吃的食物中有很多碳水化合物。当我有机会沐浴在阳光下，并食用健康的橄榄油、新鲜的鱼类脂肪酸，以及充满活力的绿色营养素时，这就像在告诉我的身体："别担心，你会没事的。"

我康复的部分原因在于地中海饮食对我身体有好处。不仅如此，这种饮食对其他人也都有好处，这已经得到了研究的证实。在西班牙进行的一项长达五年之久、具有里程碑式重要意义的研究，对 10 000 人的生活和饮食模式进行了调查，发现那些遵循地中海饮食习惯的人患焦虑症或抑郁症的可能性降低了 50%。该研究发现，尤其是摄入水果、坚果、豆类和橄榄油等食物最有利于改善情绪。

地中海饮食不仅对你的大脑有好处，对身体也有好处。有其他研究表明，按照地中海饮食方案进食的人的血管内壁（称为内皮层）更为健康。当这些血管处于健康状态时，人们患心血管疾病的概率就会大大降低。更重要的是，同一小组的研究还发现，以这种健康方式饮食的人，其脑源性神经营养因子（BDNF）的水平也比较高。我们已经对这种分子进行过几次讨论，知道它是由神经系统分泌的，对大脑健康以及神经系统细胞的生长、修复和存活有着至关重要的作用。焦虑症患者体内的 BDNF 含量偏低。

建议将下列地中海饮食的食物加入你的菜单：

- 大量的单不饱和脂肪（鱼油、橄榄油、亚麻油）和少量的饱和脂肪；
- 大量的豆类；
- 鱼类（低汞鱼）；
- 全麦谷物和面包（除非麸质不耐受，不然一定要添加到菜单中来）；
- 大量的水果（首选高抗氧化类浆果）；
- 大量的生坚果（每天半杯）；
- 大量的蔬菜（但也不能吃太多）；
- 适量的酒类（每天最多一小杯——如果需要戒酒或者有肝脏问题，

则不要饮酒）；
- 适量的牛奶和乳制品（对牛奶过敏的人除外）；
- 较少的肉类和肉制品（并且要确保它们是用草料或者有机食料喂养的动物肉类）。

这项研究的首席研究员之一米格尔·安吉尔·马丁内斯-冈萨雷斯（Miguel Angel Martinez-Gonzalez）博士解读了他对地中海饮食的优势的理解：

> 我们的神经元（神经细胞）的膜是由脂肪组成的，所以你食用的脂肪的质量肯定会对神经元膜的质量产生影响，而你体内的神经递质的合成取决于你所摄入的维生素。

很明显，马丁内斯-冈萨雷斯博士知道：你所吃的食物和摄入的维生素会影响你的神经系统的生成，影响你的神经递质的水平，进而影响你的情绪状态。

《加拿大精神病学杂志》（*Canadian Journal of Psychiatry*）最近发表的一项研究密切观察了97名已被确诊为情绪障碍的患者的饮食和营养素摄入情况。研究人员考察了被试的脂肪、碳水化合物、蛋白质以及维生素和矿物质的摄入情况，发现心理健康功能和饮食之间存在明显的相关性。亚油酸（一种ω-6脂肪酸）、核黄素、烟酸、叶酸、维生素$B_6$和维生素$B_{12}$、泛酸、钙、磷、钾、铁、镁和锌的摄入都会对情绪产生影响。当向患者摄入的营养中加入膳食补充剂时，患者的心理健康评分结果会更好，这表明补充剂和健康的食物有助于改善焦虑症。

通常，我的患者和同事会问我我认为哪种饮食是最好的。虽然我认为这个问题最好是根据每个患者的具体情况来回答，但在不了解对方健康史的情况下，我会推荐地中海饮食。尽管没有一种饮食能完全适合所有人，有人可能会出现过敏，或者有人对某种食物比较敏感，但我相信，对有情绪问题的人来说，地中海饮食的好处可能是其他任何饮食无法与之相提并论的。而且，虽然没有一种饮食是对所有人都百分之百有效和健康的，但地中海饮食被认为是对不同条件下不同的人最健康的饮食方案之一，而且上述研究似乎也证明了这一大胆说法。

**一些特别健康的食物**

上文我们讨论了地中海饮食体系。现在，让我们进一步分析食物对情绪的影响和帮助。

**蛋白质来源**

美国疾病控制中心表示，至少三分之一的美国人患有肥胖症。不管你相信与否，尽管人们吃的食物如此之多，但实际上很多人仍然营养不良，而且摄入蛋白质不足。美国人倾向于吃很多高碳水化合物食物，如面包、百吉饼、松饼、蛋糕、大米等，而这些食物几乎不含优质蛋白质。蛋白质摄入量过低对于有焦虑倾向的人来说尤其是个问题，原因有两点：第一，蛋白质分解成氨基酸，氨基酸是我们的情感分子神经递质的组成部分；第二，蛋白质不足导致人体难以调节血糖水平，而血糖含量失调会引发焦虑感。如果孕妇吃素，其体内蛋白质水平较低，那她患焦虑症的可能性会提高25%。那么，你应该摄入多少蛋白质呢？以下公式有助于你了解一个人所需要摄入的蛋白质的量：

[体重（单位：磅①）/2.2] × 0.8= 每天所需的蛋白质克数

例如，一个体重为120磅的人，经过以上公式计算，他大约需要每天摄入44克蛋白质。不过需要注意的是，如果是运动员，以上公式就需要乘以1.2而不是0.8。同样需要注意的是，摄入过量的蛋白质也可能有害。过多的蛋白质（如150克或以上）会抑制中枢神经系统的血清素水平，这会对情绪产生消极的影响。此外还要记住，任何肾脏疾病患者都可能需要减少蛋白质摄入量，使其低于上述公式的建议值。

最健康的蛋白质来源是豆类、生坚果、种子、豆腐、鱼、天然家禽和草食肉类。

**鱼和健康的油脂**

有充分的证据表明，很少吃海鲜的人产生情绪紊乱的概率更高。相反，还有可靠的研究证明，摄入更多的鱼类有助于预防和治疗这类疾病。

食用海鲜可以减轻焦虑和抑郁情绪。有研究表明，与那些每周吃一到三次或更多次海鲜的人相比，那些很少吃或从不吃颜色较深、鱼油丰富的鱼类的人患焦虑症的可能性要高出43%。同样，一项涵盖13个国家的全面评估研究表明，无论是焦虑还是抑郁，人的不良情绪和

---

① 1磅≈0.4536千克。——译者注

鱼类摄入量之间存在一种反比关系。

鱼类中主要含两种健康的 ω-3 脂肪酸：二十碳五烯酸（EPA）和二十二碳六烯酸（DHA）。这两种物质有助于缓解身体和大脑的炎症，降低患焦虑症的可能性。这些 ω-3 脂肪在野生三文鱼、鲈鱼、鲭鱼、虹鳟鱼、比目鱼和沙丁鱼中含量都特别高。至于 EPA 和 DHA 两者中谁更有利于提升情绪，科学研究还未对此得出确切结论。尽管如此，但显而易见的是，与没有情绪问题的人相比，焦虑症和抑郁症患者食用的鱼更少，其血细胞脂肪中的 ω-3 脂肪酸的含量也明显更低。

标准的美国饮食中健康 ω-3 油脂的含量往往偏低，而 ω-6 油脂的含量却很高。ω-6 油脂通常存在于饱和脂肪和红肉中。我们知道，ω-6 相对 ω-3 的含量比例较高的饮食会增加罹患心脏病的风险，并导致情绪问题。一批研究老年人的瑞典研究人员发现，食物中 ω-6 相对 ω-3 脂肪酸的含量比例越高，不良情绪和炎症标志物就会越多。过多的饱和脂肪会进一步加剧炎症和焦虑症状。请注意，我并非建议完全不摄入饱和脂肪——摄入适量的饱和脂肪也不错（如每天摄入量控制在 15~20 克），但摄入太多饱和脂肪会让你的大脑负担过重。

由于大脑和神经系统主要由脂肪和水组成，因此我们有理由认为，健康的脂肪（和充足的优质纯净水）的摄入对保持最佳的情绪状态至关重要。虽然我们主要关注的是 ω-3 脂肪，但也强烈建议食用其他健康油脂，例如冷榨的特级初榨橄榄油（其中含有保护大脑的 ω-9 脂肪或油酸）和亚麻油。要食用含有这些健康油脂的有机食物和天然食物——这些食物中所含的杀虫剂、神经毒素和金属物质较少。由于这些能够影响情绪的毒素污染了我们的水源，因此我们需要留意饮食中的鱼类，确保它们的汞含量控制在较低的水平。

以下是美国国家资源保护委员会（National Resource Defense Council）鉴定的汞含量较低的鱼类清单：

较低汞含量、每周可食用2~3次的鱼类或海鲜：

- 凤尾鱼；
- 鲶鱼；
- 比目鱼；
- 鲱鱼；
- 虹鳟鱼；
- 三文鱼。
- 沙丁鱼；
- 扇贝；
- 虾；
- 鳎鱼；
- 罗非鱼；

中等汞含量、每月可食用1~2次的鱼类：

- 鳕鱼；
- 鲷鱼。

较高汞含量、尽量不吃或偶尔吃一次的鱼类：

- 大比目鱼；
- 龙虾；
- 鲭鱼；
- 鲈鱼；
- 金枪鱼。

**益生菌食品与微生物**

微生物群是消化道黏膜的主要宿主。近年来，关于微生物群的作用，研究人员有了惊人的新发现。微生物群包括寄宿在人体消化道中的所有微生物，约有 100 万亿个细菌。在消化道和大脑的双向通信交流中，微生物群是关键的参与者。正如你在前文中阅读到的那样，良好的消化功能对于保持好心情来说是非常重要的，而微生物群中细菌保持健康的平衡是保持消化道健康的重要因素。益生菌食品不仅有助于消化，而且还是减少肥胖、保持激素平衡、促进肾功能健康的关键因素。

医学研究正在尝试剖析这些小生物是如何发挥作用以及如何帮助我们保持良好的状态的。这些健康的细菌对情绪的改善作用主要是通过两种主要途径来实现的：一是产生神经递质 GABA，二是增强 GABA 的对接站（称为受体）。正如我们在上文中所了解到的，GABA 是一种氨基酸，可以镇定大脑中过度活跃的区域。

动物研究表明，当老鼠摄入益生菌时，它们通常比对照组的老鼠更"放松"。应对压力时，食用益生菌的老鼠的皮质酮（老鼠版本的压力荷尔蒙皮质醇）也会呈现出较低水平。

因此，益生菌可以减轻老鼠的焦虑症状。幸运的是，针对人类的研究也证实了益生菌有改善情绪的作用。在一项双盲、安慰剂对照、随机分组的平行对比研究中，法国的一个研究小组发现，连续 30 天给实验组被试食用特定的乳酸杆菌和双歧杆菌，与安慰剂组相比，这些被试在心理方面产生了积极的变化，抑郁、愤怒和敌意等负面情绪都有所减轻，解决问题的能力变得更强。

**酵母与焦虑**

酵母，也被称为念珠菌，是一种可以在不健康的消化道中生长的真菌。众所周知，酵母与血糖问题、免疫系统功能低下和真菌感染（如口疮和脚指甲真菌）有着紧密的联系，酵母的存在意味着微生物群失衡了。

健康的微生物群有助于改善情绪，而不健康的白色念珠菌及其相关的毒素则会导致情绪问题。这种酵母菌的存在会改变肠道吸收营养的能力，并推动有毒的副产物产生过敏反应，从而转化为体内的炎症。炎症会极大地提高焦虑症的发生率，弱化大脑功能。

**不健康的微生物群→酵母堆积→有毒副产物→超敏反应→炎症→情绪问题（焦虑和抑郁）**

很多天然食品中都富含益生菌。以下是一份富含益生菌的食物清单[①]：

- 纳豆（日本传统发酵食品）；
- 泡菜（韩式卷心菜）；
- 德国泡菜；
- 酸奶；
- 开菲尔酸奶；
- 印尼豆豉；
- 发酵乳（如酪乳）；

---

[①] 注：自制泡菜比从商店购买的更好，因为后者通常要经过巴氏杀菌，杀菌的过程会杀死很多有益细菌。

- 味噌；
- 非烘焙奶酪（如陈年奶酪）。

**缓解焦虑的松脆食物**

你有没有注意到大多数人是如何从松脆的食物中获得快乐的？你是否看过那条小孩"不能只吃一个"的广告？这些都是有科学依据的：嘎吱嘎吱地吃东西会让人感觉更快乐（当我们自己嘎吱嘎吱吃东西的时候，我们感到最快乐，而当旁边的人在嘎吱嘎吱吃东西的时候就不一样了）。

此外，你是否注意到这些松脆的零食很容易就吃过量？一个平时不怎么吃零食的人最后也会吃掉一整袋零食。这种情况被称为"享乐性贪食"，这是个很时髦的术语，指的是一个人因感觉良好而吃得过多。为了研究过度进食的影响，一名德国研究人员使用增强的核磁共振技术对老鼠进行了实验，他让老鼠吃普通的食物和松脆的零食。他发现，松脆的零食比一般的食物更能激活大脑的"奖励中心"。其他研究表明，嘎吱嘎吱的声音会使大脑的"愉悦中心"释放更多的内啡肽，因为松脆的食物能使人感到平静，因而有助于缓解焦虑。

请注意，我并不建议你在焦虑时拿出一包薯片来吃，因为当我们从松脆的垃圾食品中摄入过多的卡路里后会感觉更糟糕。因此，相对于不太健康的薯片和饼干，你可以试着吃些健康的松脆食物，如胡萝卜干、芹菜干和辣椒干这样的蔬菜干。还可以吃一些健康的烘焙零食，如亚麻籽饼干和高麸纤维饼干。坚果也很不错，但要吃未经加工的原味坚果。吃这些健康零食的好处在于，既可以避免过量进食的情况，同时还能达到缓解焦虑的效果——健康食品真的很难过量食用。

健康的松脆食品清单：

- 小胡萝卜；
- 松脆的蔬菜干，如豌豆干、胡萝卜干、辣椒干等；
- 芹菜配生杏仁黄油或天然花生酱；
- 原味坚果和瓜子，如杏仁、核桃、腰果、南瓜子、葵花籽等；
- 烤制的亚麻籽饼干；
- 麸皮和全谷物/纤维饼干，如果你对这些食物过敏，就选用无麸质的饼干；
- 生的松脆零食，如羽衣甘蓝片、蔬菜片等。

**试试坚果吧**

注重健康的人吃生坚果的历史已经有上千年了。除了松脆之外，坚果还富含健康的脂肪酸、油脂、蛋白质和矿物质。研究还表明，坚果能降低人体内炎症的发生率，从而降低焦虑症的发生率。

有人研究了经常吃坚果的人体内的炎症标志物的水平，发现这些人体内的 C 反应蛋白（CRP）的含量较低，我们从炎症高发的患者的血液中就能发现这种蛋白。这一标志物与心血管疾病密切相关，它比胆固醇更能预测心脏和血管的问题。长期食用坚果的人体内的其他炎症标志物水平也相对较低，如免疫系统成分白介素–6（IL-6）和血管黏附因子（使血管壁过于黏稠）。在焦虑症和抑郁症患者体内，CRP 和 IL-6 的含量通常很高。大多数研究人员认为，吃坚果的好处源自其富含的健康的脂肪酸和镁，二者都有助于减轻焦虑感。

健康的生坚果包括杏仁、巴西坚果、栗子和腰果。虽然人们通常都吃烤坚果，但我还是建议少吃一些：因为加热的过程会损害坚果的油脂，使其变质，这对大脑和身体都有害。如果你更喜欢烤坚果的味道，可以尝试把生坚果和烤坚果按照 2∶1~3∶1 的比例混合在一起吃。

**对情绪有害的食物**

正如健康的食物有助于我们维持健康的神经系统和良好的情绪，劣质食物则对我们的健康和情绪有害。

请读者留意，在我们谈论对情绪有害的食物之前，我们谈论的食物都是健康的。我是特意这样安排的，目的在于鼓励读者先从健康的食物开始。经我治疗康复的患者的经历告诉我这是最好的方法。对于大多数人来说，专注于他们不能吃的东西是没有效果的——他们会有一种被剥夺的感受，有时还会感到愤怒，相信你可能也有同感。因此，很可能会出现反弹，最终吃下更多"不健康的"食物，我们原本是想要摆脱这些食物的，却通过吃更多来获得对焦虑的控制感。如果你有这样的感觉，那就从现在开始把注意力放在健康的食物上吧。当你把这些美味的食物加入食谱中，你的感觉会变好；之后，你可能会开始考虑减少摄入对大脑和身体有害的食物。

**尝一口美味食物的味道**

研究表明，大脑对不道德的行为（如看到一个人踢狗）和不可口的味道有着相似的反应。因此，在挑选健康食品时，首先选择那些你觉得好吃的美食——不好吃的口味可能会加剧负面情绪。我发现，当人们的感觉变好并吃下更多健康食物后，他们的味蕾会扩大，更愿意在饮食上进行冒险，做出改变。

**应该避免的食物**

在你与焦虑做斗争的旅途中，有些食物会削弱你的努力，让你南辕北辙。你只需记住：在饮食方面，没有人能永远像圣人一样时刻做到完美，只要你在尽可能地朝着正确的方向努力，你的大脑和身体就会产生相应的积极变化。

**高血糖食物**

含糖食物（如果汁、蛋糕、饼干、糖果）和简单的含碳水化合物食物（如白面包、百吉饼、意大利面、白米饭）都是会提高我们血糖含量的食物。这些食物中含有大量易被吸收的糖分，这些糖分能引发任何你可能易患的疾病。这种糖还会导致糖尿病、痴呆、心脏病和癌症。

大量摄入糖类和碳水化合物会导致情绪问题，因为它们不仅无法提供重要的营养物质，还会消耗镁等重要的矿物质，而矿物质是生成神经递质的重要辅助因子，能减少进入体内的毒素的有害影响。

血糖含量较高的食物还会引起胰岛素的过量释放。胰岛素是一种激素，其作用原理是，在糖晶体对人体组织造成过多损害之前，将高浓度的糖从血液排出。但胰岛素也会导致炎症，而正如我们所看到的，脑部炎症会导致情绪问题。体内胰岛素水平过高会使血糖值低于正常水平，让你感到饥饿。饥饿和低血糖是引起人体内应激反应的原始信号。对于有焦虑倾向的人来说，它是典型的引起惊恐发作的催化剂。

**不健康的脂肪**

哪些食物对情绪的危害最大？正如我们之前所讨论的那样，最好避免不健康的脂肪，如氢化油、高温加热的植物油、油炸食品以及非草食动物性饱和脂肪等。健康的脂肪可以使你的神经系统膜保持积极和流动的状态。液膜意味着平静的炎症通道。缺乏流动性的免疫系统细胞膜也会导致炎症。当你摄入过多不健康的脂肪时，这些细胞膜就会变得僵硬，既无法吸收营养物质，也无法排出毒素。食用不健康的脂肪会加重炎症，并且妨碍身体进行自我清洁——二者都会引发焦虑情绪。

**食品添加剂**

食品添加剂（如人工色素、谷氨酸和人造甜味剂）会对情绪产生影响。尽管美国政府可能对食品添加剂有严格的指导原则和规定，但其长期安全性尚未得到切实的证明。美国食品药品监督管理局（FDA）对食品添加剂采取不干涉的政策，而且不做任何测试——让生产和销售这些化学物质的公司自行监管其安全性，这就有点儿像是让狐狸看管鸡舍。

许多年轻患者的父母都证实，色素添加剂会导致孩子出现行为、情绪障碍以及注意力方面的问题。最近的一项针对动物的研究显示，那些服用了低剂量和高剂量的酒石黄（一般被人们亲切地称为柠檬黄）的动物都表现得极度活跃，并且焦虑反应显著增强；与未接触酒石黄的动物相比，服用了酒石黄的动物的抑郁反应也显著增强。由此作者得出结论，该项研究"指出了酒石黄对公众健康存在有害的影响"。1994年的一项针对人类进行的研究也说明这些化学物质会引起焦虑症状。儿童和成人食用的大量食物中都被添加了酒石黄，如有色食品、糖果，甚至药物中也含有。我们应该尽可能远离这些添加剂。

谷氨酸是大脑产生的一种少量的兴奋性神经递质，是日常细胞代谢的副产物。味精（MSG）是一种特殊形式的谷氨酸盐。虽然某些食物（包括水解植物蛋白、酵母菌、大豆提取物、蛋白分离物、奶酪和西红柿）中天然含有谷氨酸化合物，含量较低，但味精的使用主要是为了提味。我承认味精的味道确实不错，但是若要为此付出情绪上的代价就不值当了。

尽管美国食品药品监督管理局认为味精属于一般公认的安全类（GRAS，即"一般公认是安全的"的标准缩写）添加剂，但味精对大脑和情绪都是有害的。事实上，过量的谷氨酸对神经细胞的毒性比氰化物还要强。研究表明，情绪障碍患者体内的谷氨酸盐水平明显高于健康人。你是否在吃中餐后产生过诸如焦虑、情绪低落、头痛、胃痛或者恶心等反应？中国菜中经常放有味精，那些对味精有反应的人可能在体内已经累积了大量的谷氨酸，并且自身排毒能力较弱。人的大脑试图用非常复杂的系统来清除谷氨酸，而重金属污染负荷会降低大脑清除谷氨酸的能力。患有焦虑症的人（以及普通人）应该避免摄入谷氨酸盐。

众所周知，人造甜味剂（如糖精、阿斯巴甜、三氯蔗糖和安赛蜜）会毒害神经系统，并可能会破坏让你保持好心情所需的神经递质。这并不是什么新消息：1984 年《美国临床营养学杂志》(American Journal of Clinical Nutrition)上的一篇论文显示，阿斯巴甜可能导致血清素的平衡出现异常。当阿斯巴甜被移除后，许多病例报告都显示焦虑症状得到缓解；当人们再次食用阿斯巴甜时，症状明显又复发了。另一方面，2002 年的一项大型研究发现，阿斯巴甜非常"安全"，并且"在安全性方面没有未解决的问题"。但是，这项被新闻媒体引用的研究实际上是由 Nutrasweet 公司资助进行的，而这家公司正是这些毒素的制造商。

### 咖啡怎么样

> 咖啡能促进血液流动，刺激肌肉；它加速消化过程，驱走睡意，并且使我们能够在涉及脑力的活动中投入更长时间。
>
> 巴尔扎克

传统观点认为，含有咖啡因的饮料是焦虑症患者的"禁忌"。这样说是有原因的，但还是让我们从情绪问题的角度来看这些含咖啡因的产品的信息，并找出其中的合理性。

让我们从咖啡开始谈起。20 世纪 90 年代初，我的焦虑症和惊恐症第一次发作。有趣的是，那时我在位于华盛顿特区的美国国立卫生研究院（National Institutes of Health）做研究，从华盛顿开车回到我父母位于纽约史坦顿岛的家需要四个小时，有时光是想到这一点就足以让我感到恐慌了。我发现，不管出于什么原因，如果我在开车回家途中去咖啡店买一大杯咖啡，我就感觉好多了——虽然我仍然感到焦虑，但同时更开心，也不那么恐慌了。

作为有史以来使用最广泛的精神活性药物，咖啡是一种有趣的化合物，人们对于它对健康和情绪的影响褒贬不一。在整体健康方面，研究表明咖啡对健康有一些好的影响。咖啡可以降低糖尿病前期的患病风险，降低胆道癌和肝癌的发生率，甚至有助于预防餐后心脏病的发作。实际上，2013年的一项对较大型流行病的研究回顾显示，经常喝咖啡能降低全因死亡和心血管疾病死亡的死亡率。此外，喝咖啡还能降低心力衰竭、中风、糖尿病和某些癌症的发病率。

就焦虑症患者而言，喝咖啡有利有弊。对我来说，它对特定情境下的惊恐发作很有帮助，但如果我喝得太多，就会加重我的广泛性焦虑症。咖啡对你有什么影响呢？正如整体医学中的许多问题一样，答案是"视情况而定"。如果你已经知道自己对咖啡因非常敏感，那么我们就应该接受现实——你可以直接跳到下一节。

咖啡对情绪产生的积极作用在于咖啡因能增强愉悦感和活力，至少对我来说是这样的。咖啡因有助于大脑的前额叶皮层释放多巴胺，这是调节情绪的重要区域。在一项针对50 000多名老年妇女的为期10年的队列研究中，研究人员发现，比起那些每周喝一杯或更少含咖啡因咖啡的人，每天喝两到三杯咖啡的人罹患抑郁症的风险降低了15%，每天喝四杯或更多咖啡的人的患病风险降低了20%。我相信咖啡因可能有助于抑制特定情境下的焦虑症和惊恐发作，因为它能提高多巴胺水平。

抑郁症和社交焦虑症患者体内的多巴胺水平通常较低。社交焦虑是一种情境焦虑症。如果你属于以上任何一种情况，请尝试每天喝咖啡，或者在感到压力时、惊恐发作之前喝点咖啡。当然，如果你喝完咖啡后发现它让你感觉更糟糕，或者让你睡不着觉，这就说明咖啡并不适合你。

请注意：对患有严重抑郁症和多巴胺水平较低的人群来说，咖啡的益处也是有限的。另一项来自芬兰的研究发现，尽管每天喝七杯咖啡的人的自杀风险已在持续降低，但当每天喝的咖啡超过八杯时，自杀的风险就开始增加。同样值得注意的是，不含咖啡因的咖啡以及含咖啡因的茶和巧克力对病情并不会产生积极的影响。即使是用于治疗社交焦虑症和抑郁症，长期饮用咖啡仍会使那些精力已经消耗殆尽的人感到"精疲力竭"。咖啡因是一种振奋情绪的物质，但是即使对于能忍受它的人来说，摄入太多也会让情况变得糟糕。

咖啡因对健康还有其他的负面影响：长期服用高剂量的咖啡因会导致镁等矿物质的流失，而镁是大脑神经递质的重要辅助因子。咖啡还可能导致血糖波动，从而提高焦虑程度。你可能已经知道，对咖啡因敏感的人可能会因此而失眠加重。正如我们前面所了解的那样，睡眠情况不良会加重易感人群的焦虑和抑郁症状。再强调一次，咖啡是否对你有用，取决于你的具体情况。在改善睡眠、饮食和生活方式之前，你可能并不会想要开始尝试咖啡。

### 绿茶怎么样

早在 4700 多年前，中国的僧侣就开始饮用绿茶，据说绿茶可以帮助这些宗教人士在冥想时达到一种"放松的清醒"状态。虽然茶中含有的咖啡因可能让他们在冥想时保持清醒，但其中所含的另两种成分可能是让他们感觉放松的原因。针对绿茶提取物 EGCG 所进行的动物研究表明，绿茶通过激活大脑中的 GABA 受体来缓解焦虑——这些受体与阿普唑仑等抗焦虑药物的作用靶点相同。此外，绿茶中含有茶氨酸——一种天然氨基酸，具有改善焦虑和降低血压的作用。

一般来说，如果你容易感到情绪低落、缺乏动力和抑郁，那喝咖啡对你是有用的。不过，如果你有广泛性焦虑症和睡眠问题，或者对咖啡因敏感，则有可能会使情况变得更糟。咖啡可能对某些社交恐惧症和惊恐发作有效。当然，你若想知道它是否适合你，唯一的方法就是在保证安全的前提下进行尝试。绿茶对焦虑和抑郁都有帮助，但和喝咖啡一样，我会建议你慢慢开始，看看感觉如何。不要过度饮用，如果你的焦虑或睡眠问题恶化，立即停止饮用。

### 建议加到餐桌的食物

- 地中海饮食方案中的食物。
- 鱼。
- 原味坚果和种子。
- 益生菌食物。

- 松脆的蔬菜片。

**建议避免食用的食物**

- 高血糖食品（含糖食品和简单的碳水化合物）。
- 不健康的饱和脂肪。
- 食品添加剂：味精、着色剂、FDA 合规色素、人工制糖。
- 咖啡：能够改善抑郁的情绪，但广泛性焦虑症患者和失眠症患者应避免咖啡。咖啡对社交焦虑和惊恐发作可能也有效果。
- 绿茶：对情绪低落和抑郁症都有用处；那些对咖啡因不太敏感的焦虑症患者应该可以饮用绿茶。

## 炎症、渗透性肠病与情绪

人体内大部分免疫系统位于消化道（黏膜相关的淋巴样组织；肠相关的淋巴样组织）。当精神焦虑和消化不良同时出现时通常会激活免疫系统内的炎症成分，并最终引发炎症。同样地，当摄食烧焦、油炸、过度烹饪的食物后也会产生一种叫作"晚期糖基化终末产物"（AGE）的分子，并最终引发炎症。正如我们在前文所阅读到的，炎症会传到大脑，从而导致焦虑情绪，这也就是为什么精神问题总是在肠道炎症的患者群中更为普遍。垃圾食品和加工食品也会扰乱人体消化系统的健康。

焦虑症患者的炎症反应明显更多。免疫系统中的炎症标志物，如 C 反应蛋白（CRP）、白细胞介素 –6、肿瘤坏死因子（TNF），无一不与焦虑症、大脑变化和人体的其他身体组织密切相关。"炎症"一词的英文单词"inflammation"中包含了"火焰"的英文单词"flame"，当炎症严重到一定程度时，就如同失控的大火，会焚烧并摧毁一切所及之处。如若脑部发生炎症，一场"大灾难"将在所难免。一旦焦虑作为体内炎症的常见表征得以显现，这无疑将为人体的易患病症提供滋生的温床，不过最终是否生病取决于个体的体质和基因。

当大脑内有"火气"时，你可能会表现为焦虑，其他人可能表现为关节不舒服，可能会患上风湿性关节炎；在血管中，炎症会引起冠状动脉疾病，这是引发心脏病的主要原因；如果皮肤上火了，炎症则通常表现为湿疹、牛皮癣和粉刺；肾脏和肺部的炎症多表现为狼疮和其他器官问题，而各类身体组织的炎症通常被视作癌症在体内扩散的帮凶；肌肉发炎不会表现在肌肉上，而是表现为纤维肌瘤和慢性疲劳综合征；消化道里的炎症会引起炎症性肠病（如克罗恩病或溃疡性结肠炎），如图 5-1 所示。这些都会导致更多的消化问题和炎症。

当你准备着手一探究竟时，你可能会发现几乎每种疾病都有自己特定的炎症成分，而且，每种炎症的背后无一例外都存在消化和压力问题。这或许可以解释为什么自然疗法医师认为在解决所有的健康问题时都必须考虑"食物"和"消化"的重要影响。

20 世纪 90 年代，当时我是美国国立卫生研究院在马里兰州贝斯巴达市的一个调查组的成员，我们的部分工作是利用动物研究来找出当身体感受到压力和发炎时大脑中哪些免疫成分会被激活。在那个时候，关于大脑免疫系统方面的文献资料并不完备。实际上，许多医学专家认为，大脑是一个享有特权和受保护的器官，其中根本没有任何免疫细胞。在研究中，为了增强这些可爱的小白鼠的炎症反应，我们给它们服用了一定剂量的一种被称为"脂多糖"（LPS）的细菌外壳化合物。小白鼠的免疫系统"看到"了这层细菌外衣并产生了强烈的炎症反应，发炎的动物表现出了"病态行为"，包括疲劳、焦虑和过度活跃等。一段时间后，这些小白鼠开始出现情绪低落、动机低下以及其他与焦虑症和抑郁症明显相关的症状和体征。当人类的炎症水平很高时，他们的表现大抵也莫过于此。对我来说，这次研究具有重大意义，它充分证明了体内炎症会导致严重的情绪问题，而现实中几乎每天有将近四分之一的美国人面临同样的问题。

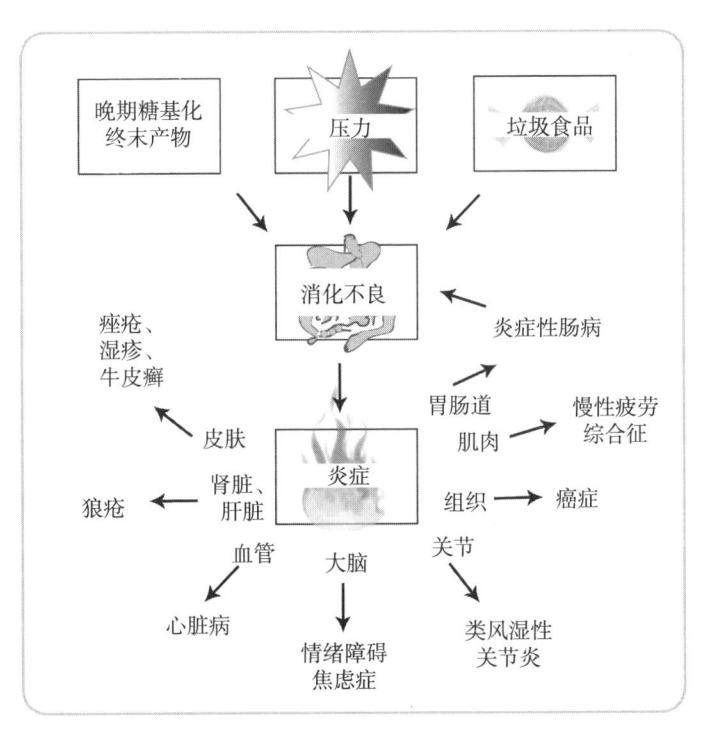

图 5-1 炎症对健康的危害

## 肠道通透性和肠漏症

在过去的几十年中,像我这样的整体医学从业人员一般会把"肠漏症"这个概念视为消化不良加上炎症性并发症后基本的病症体现。虽然在上文提到的实验中,小白鼠由于服用了一定剂量的细菌而表现出发炎症状,而对于人类来说,某些食物会在消化道内引发免疫相关的反应,这种反应会引起身体其他部位的炎症反应。

同样地,精神压力会抑制消化酶的释放,从而提高免疫反应的可能性。一旦身体缺乏足够的消化酶,摄入的食物就无法得到充分的分解,当食物分解不充分,进入肠道的食物颗粒就会过大。这些大颗粒的食物碎屑对于免疫系统来说是十分陌生的,为了保护人体,免疫系统会阻止人体吸收它们,从而会出现过敏和炎症反应。

打个比方说,假设你和玩伴在一座大楼内互相向对方投掷手榴弹,投了十几秒钟,那么你俩很可能会在墙上炸出一些洞来,对吧?然后邻居会报警,警察会把你们带走,几天后大楼管理员也许会把墙修补好。但是假设你和玩伴不停地朝对方扔手榴弹,一天后大楼的墙壁会变成什么样呢?墙壁会被你们炸出很多洞来,由于炸的洞太多,管理员来不及修补。当你进食有问题的食物时,你的肠道里也会发生类似的情况:你的免疫系统一直在不停地投掷化学炸弹,而你的身体却根本来不及修复和清理。

如果消化道长期处于炎症状态,就会严重损害消化道的结构和修复机制。在炎症之火的灼烧下,消化道细胞间的连接部分会开始恶化。

细胞是靠这些连接部分紧密连接在一起的，一旦这些结构遭到破坏，胃肠道里的物质会更容易渗入血液循环，这就是所谓的"肠道通透性"或可简称为"肠漏"。除此之外，其他因素也能导致这种问题，如抗生素、食物防腐剂和毒素，甚至运动也会引发暂时性的肠漏，这种肠漏通常可以通过自我修复痊愈，除非身体出现透支的情况。除了细胞连接部分会因炎症而出现断裂，细胞表面形似手指突起的绒毛也会受到损伤，从而导致营养吸收不良。

逃避消化道消化的大颗粒食物会进入血管，随着血液循环流动至全身，并引起全身发炎，进而导致最终患病（如图 5–2 所示）。正如我们在上一节所提到的，如果一个人本身属于易患某种疾病的体质，那肠漏及其相关的炎症则必然会提高患此病的可能性。对于焦虑症患者来说，这意味着他们会更焦虑。

尽管肠漏在自然医学及补充与替代医学（CAM）等领域获得了某种程度的承认，但传统的生物医学却对此嗤之以鼻，认为这一概念是伪科学家们杜撰出来的未经证实的理念，尽管这种对肠漏不屑一顾的态度普遍存在，但这种观点和扎实的医学研究结果是截然不同的。

实际上有研究表明，肠漏的症状是真实存在的，并且是导致多种疾病（包括情绪失调）的重要诱因。2008 年的一项研究调查了慢性疲劳综合征患者体内的免疫球蛋白 M（IgM）和免疫球蛋白 G（IgG）抗体的血清浓度。这些抗体的存在表明细菌的确从消化道进入了血液，而这些抗体几乎可以作为肠漏的标记，因为如果肠道没问题，细菌就不会进入血液，也就不会形成抗体了。

在研究中，有 41 位慢性疲劳综合征患者接受的是肠漏患者的饮食，并服用天然的消炎和抗氧化补充剂，如谷氨酰胺、N-乙酰半胱氨酸（NAC）和锌。平均 10~14 个月后，有 24 名患者症状见好，免疫系统恢复正常，情绪也逐渐稳定。这项研究和心血管杂志、肝脏杂志、肾脏杂志以及消化道类出版物中的大量研究一样，都讨论了慢性病中的肠漏问题。有一项测试可以检测出你是否存在肠漏问题，那就是乳果糖-甘露醇测试。如果患者想做这项测试，可以去自然疗法医生那里做。该测试极其有用，能帮助患者鉴定其体内是否存在导致焦虑症或其他健康问题的诱因。

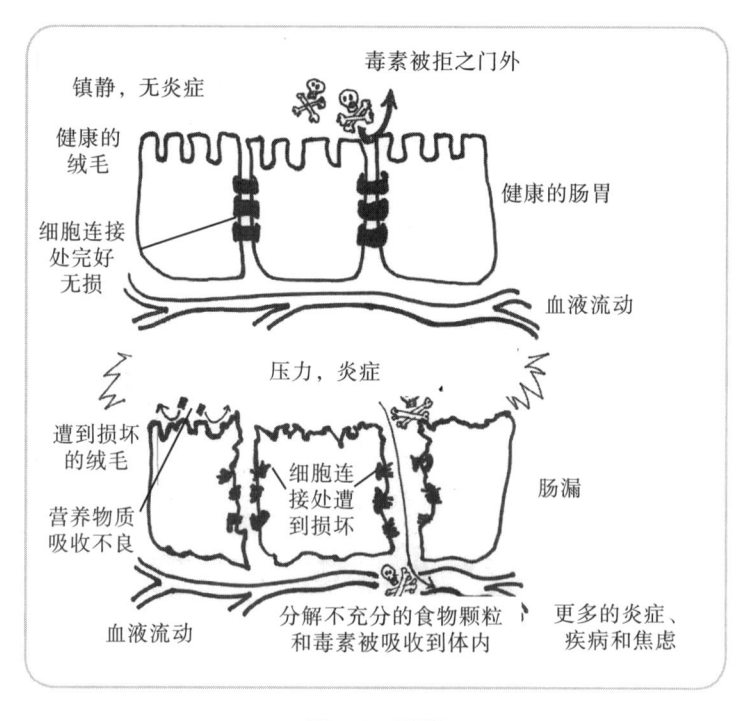

图 5-2　肠漏

## 谷蛋白"过敏"和谷蛋白"敏感"

我们已经知道,人体难以正常地消化垃圾食品,会引发炎症。但许多患者饮食很健康却还是出现了消化不良和焦虑的症状,这是为什么呢?有句话说得好,"甲之蜜糖,乙之砒霜",对于同一个事物,不同的人会产生不同的感受。在这部分中,我们将探讨为什么有些人原本吃的就是健康的食物却也会出现问题。

"食物过敏"是指使身体产生免疫抗体的一种外在的免疫系统反应。这类反应可能会导致出现喉咙闭合或者大面积肿胀(称为过敏反应)的情况。尽管任何食物都能激起易感体质出现过敏反应,但最常见的引发过敏反应的食物有贝类、坚果、鱼、牛奶、花生和鸡蛋。乳糜泻也是过敏症状,是身体对谷蛋白(小麦、黑麦和大麦中存在的一种蛋白质)产生的免疫反应。

"食物敏感"或"食物不耐受"是在消化道中发生的一种微妙的反应,通常发生在食物消化不良时,会刺激引发有害的炎症反应。

神经系统易受到食物反应的损害。乳糜泻患者的神经系统炎症早在1966年就已被公之于众,然而,直到30年后才有研究发现,谷蛋白敏感在消化系统中的反应表现得并不是那么明显,而是仅在神经系统引发不明原因的神经病变(手脚和身体其他部位产生奇怪的感觉)和共济失调(肌肉运动不协调)。如今我们已经知道,这些不为人所注意的反应也能导致情绪问题。

乳糜泻是一种抗体介导的疾病,1%的人因患此病而无法正常生活。该病的常见表现是肠胃不适,如果持续时间足够长,还可能导致体重下降。然而,谷蛋白敏感所引起的反应相对来说更为微妙,通常不会出现明显的胃肠道问题或体重下降的情况,并且很可能表现为神经系统问题和精神病症状,甚至可能表现为焦虑症。

虽然谷蛋白敏感所引起的反应比较微妙,但是谷蛋白敏感反应发生的频率却比乳糜泻的实际发生率高出六倍,而且与乳糜泻不同的是,目前还没有抗体测试可对其进行识别鉴定。当我怀疑患者对谷蛋白敏感时,我会建议他们停止食用谷蛋白食品,当他们采取我的建议后,其情绪和消化道症状通常会有明显的改善。2013年,意大利的医生们联合发表了一篇论文,题为《非乳糜泻谷蛋白敏感:谷蛋白相关疾病的新领域》(*Non-Celiac Gluten Sensitivity: The New Frontier of Gluten Related Disorders*)。在文中,他们详细讨论了小麦中的谷蛋白和其他成分是如何引发消化道出现轻度炎症(如肠易激综合征),又是如何引发包括情绪障碍在内的诸多疾病的。

除了谷蛋白,可能还有其他食物——即便是健康的食物,也可以导致敏感反应。在临床治疗中,我发现有两种方法可以用来识别轻微的食物敏感。一种方法是彼得·德戴蒙(Peter D'Adamo)博士的"血型膳食法",其原理在于食用与自身血型相符的食物有助于控制敏感反应。血型膳食法关注的是免疫细胞顶部的少量蛋白(糖蛋白)以及食物蛋白(凝集素)对它们的影响。基本的解决之道无非是不挑食,多吃天然食品和健康的蔬菜。然而,由于血型不同,人们适合的食物清单也不同,你可能需要集中吃某些对你的血型来说特别健康的食物,并且避免食用会引发炎症的食物。例如，A 型血的人应该多吃三文鱼、菠萝、南瓜子和浆果，同时避免食用红肉、乳制品和西红柿；O 型血的人应该多吃鳕鱼、草食牛肉和羽衣甘蓝，并且尽可能减少摄入奶类或含谷蛋白的食物；B 型血的人应该多喝乳制品，多吃羊肉和比目鱼，而忌食鸡肉和贝类；AB 型血的人可以多吃西兰花、葡萄柚、酸奶和羊肉，同时远离牛肉和某些豆类。虽然没有一种饮食方式是百分之百适用于所有人的，但血型饮食法在我治疗过的患者身上效果显著。

另一种方法是"剔除挑战膳食法"，即在饮食中剔除最典型的几种会产生敏感反应的食物，如乳制品、大豆、玉米、小麦、鸡蛋、花生、柑橘、酒精和咖啡因，维持四到六周的时间。在这段时间内，你的焦虑和身体症状将会彻底消失或明显减轻，然后你每四天添回一种食物，并观察是否出现如焦虑、恐慌、头痛、瘙痒、皮肤过敏、心动过速等不良反应，如果出现了，那说明添回的这种食物对你而言可能就是会引发炎症的食物。

如果你的症状没有得到改善，或者你对所有测试的食物都产生了敏感反应，那么你可能需要按照以下步骤先治愈肠道炎症，然后再重新尝试剔除挑战膳食法。

### 如何治疗肠道炎症

如图 5-1 所示，身体会通过多种方式提醒我们身体上火了：比如皮肤病，像皮疹、湿疹、牛皮癣、酒渣鼻等；比如身体内部生病，像癌症、自身免疫疾病、心血管疾病、精神病或炎症性肠病。此外，我们也可以参考血液检查结果来判断身体是否患有炎症，如果血液中的红细胞沉降率（ESR）、C反应蛋白（CRP）、高半胱氨酸以及自身免疫标志物含量过高，则说明可能患有炎症。你可以通过体检和血液指标来判断自己是否发炎以及炎症有多严重。

下面列举了一些可以消除炎症的方法。

**冥想、放松、心身疗法练习**

这种练习法不仅有助于增强副交感神经反应，还能促进消化道循环。详细的方法将在下一章中讨论。

**睡眠**

争取每天保证八个小时的睡眠时间，晚上11:00之前睡觉。睡眠有助于平衡免疫功能。更多有关睡眠的内容请参阅第三章。

**运动**

每周至少运动三次，每次30分钟，以燃烧压力荷尔蒙，舒缓神经系统。运动能够锻炼肌肉，增强胰岛素的敏感程度，从而降低会引发炎症的胰岛素激素的水平。更多有关运动的信息请参见第四章。

**饮食**

专注于摄入地中海饮食方案中的食物：鱼、绿色蔬菜、生坚果、种子，以及大量纤维素。减少摄入含有化学物质、防腐剂和色素的食物。限制红肉的食用量，避免乳制品、谷蛋白食物和高温烹制食品。可以考虑血型膳食法或者尝试剔除挑战饮食计划，坚持四个星期。

**营养补充剂**

为了消炎、治疗肠漏，患者可考虑以下营养补充剂。

- 益生菌。有助于修复黏膜。剂量因制剂而异。
- 锌。针对克罗恩病（一种严重的肠道炎症性疾病）的研究显示，补锌可以修复肠漏，并有助于预防恢复期病情复发。常用剂量是每天两次、每次 15 毫克肌肽锌。
- 姜黄素。这种神奇的草药有助于减少肠道炎症和氧化应激反应。剂量因制剂而异，最好在两餐之间服用。有关姜黄素的更多信息请参见第七章。
- 谷氨酰胺。谷氨酰胺是消化道细胞的首选产生能量燃料，有助于修复肠道。标准剂量是每日两次，每次 1 茶匙，以水冲泡，忌与餐同服。
- 罗伯茨配方（Roberts Formula）。这是一种古老的自然疗法配方，又名巴斯德（AKA Bastyr）配方，对消化道的修复有奇效。在临床治疗肠道疾病时，我也会参考该配方。遗憾的是，至今还没有正式的研究聚焦这种草药配方。尽管配方的版本各有不同，但标准配方通常包括：木槿花、紫锥菊、榆、天竺葵、商陆、白毛茛和甘蓝粉。甘蓝中富含谷氨酰胺。一些配方版本中还包含烟酰胺和胰酶。常用剂量是每日三次，每次两粒，于两餐之间服用。

## 小肠细菌过度生长

正如前文提到的，消化不良会导致焦虑。还有一种肠道疾病也能导致焦虑，即小肠细菌过度生长（small intestinal bacterial overgrowth，SIBO）。此病是小肠内细菌过度滋生的结果，严重的话，甚至可以向上蔓延至胃部，导致胃部细菌过多。SIBO 还能引发肠易激综合征以及乳糖和果糖不耐受症。对于同时有焦虑和消化不良问题（如打嗝和肠胃胀气）的患者，我建议进行 SIBO 测试，这种测试简单、无创无痛。操作方法是，简单饮食后，数小时内对着试管仪器吹气数次，通过检测呼出气体的成分，就可以判断被试是否患有该病。通常来说，只要患者肠道内的细菌被杀死并且得到清除，焦虑的症状就会随之消散。治疗方案包括服用像牛至、大蒜和黄连素之类的草药。我们同样鼓励患者采用低发漫饮食（fermentable oligo-di-monosaccharides and polyols，FODMAP）膳食方案，并且在某些情况下，需要服用一种叫作"利福昔明"（Rifaximin）的抗生素，然后再食用益生菌。

## 维持血糖平衡的重要性

> 我的血糖变化异常，而且我只要不吃东西，就觉得浑身不自在，要么想打人、想哭，要么想睡觉。
>
> 艾利森·高登法普（Alison Goldfrapp）

血糖调节是控制和治疗所有类型焦虑症的关键所在。早在 1938

年，旧金山的医生约翰·昆兰（John Quinlan）博士最先发表了一篇研究报告，该研究说明了低血糖与焦虑症之间的关系。当血糖失衡时，体内的压力系统就会亮起红灯。道理就是这么简单明了。

当血糖下降时，我们的原始大脑就会想"哎呀，我们要挨饿了"，并开始向身体发送求救信号，让其停止思考，也不做其他事情，精力全部用于操心下一顿饭的着落。虽然人类的大脑已经"进化"到一定程度，饥饿不会再让我们四肢匍匐、四处觅食，但当饥饿时我们仍然会感受到压力，而且我们通常对此毫无察觉。研究发现，血糖波动剧烈会出现大脑和认知方面的困难，并会经历沮丧和焦虑的情绪，而这种焦虑是可以避免的。

你是否遇到过患有饿怒症的人？"饿怒症"一词由"饿"和"怒"组成，即当一个人很久没吃东西时就会感到又饿又生气，这是一种血糖应激反应。我和我的妻子相识将近20年，当我们第一次见面时，我就发现，当她饥饿时她的心情会发生变化，有时甚至是剧烈的变化，真的不是闹着玩的。而当她吃完东西后，整个人又立马恢复成那个可爱的她（她通常会说句抱歉，但也不是每次都说）。现在她知道该怎么应对自己的饿怒症——通常会随身携带一些零食以备不时之需。

不管怎样，如果你发现自己不吃饭时会感到焦虑，我强烈建议你遵循下面的建议。即使你觉得自己不受血糖变化的影响，我依然建议你尝试这些建议。许多焦虑症患者每天吃三顿饭，当他们按照我的建议改为每天吃五到六顿后，他们的焦虑感得到了明显的缓解。

另外，如果你知道自己血糖不平衡，那你最好记录自己的血糖变化并保留一份记录，观察焦虑症状和血糖水平之间的关系。这很有价值，因为有的患者是在上午出现发病的迹象，而有的患者是在用餐前或者晚上问题比较严重。当你知道了自己可能会出现问题的时间，就可以更清楚自己应该何时进餐以及每餐的食量，以便更好地控制焦虑反应。

当你的血糖出现异常时，可以尝试通过以下步骤来调节血糖。

**1. 拒绝所有简单的碳水化合物食物和含糖食物。** 如白面包、百吉饼、意大利面（作为西西里人，我知道这很不容易）、饼干、蛋糕、苏打水和果汁。即使是无糖苏打水也会破坏新陈代谢和血糖，因此也必须戒掉。这些食物会使体内的糖分快速上升，从而促进胰腺分泌胰岛素，胰岛素反过来又会使糖分进一步降低，使血糖处于忽高忽低的状态。

**2. 开始吃早餐。** 也许这听起来像你妈妈说的话，但早餐确实是一天中最重要的一餐。研究表明，当进食富含优质蛋白质的早餐时，人体内的胰岛素反应会更加平衡，不会突升突降。

**3. 每三小时进食一次。** 少食多餐，多吃含蛋白质、健康脂肪和碳水化合物的食品。

**4. 服用血糖支持性营养剂。** 例如铬，它是一种有助于平衡血糖的矿物质。剂量是每日三次，每次200微克（1微克是千分之一毫克），随餐服用。也可以食用肉桂，肉桂也有助于平衡血糖。每天早晨舀一茶匙肉桂放入茶水或燕麦糊中，搅拌均匀后食用。详见第七章。

**5. 充分的睡眠和运动以及良好的压力管理对血糖平衡同样重要。**

图 5-3 显示了预防血糖不稳定的几个因素，其中就包括睡眠、运动和减压。

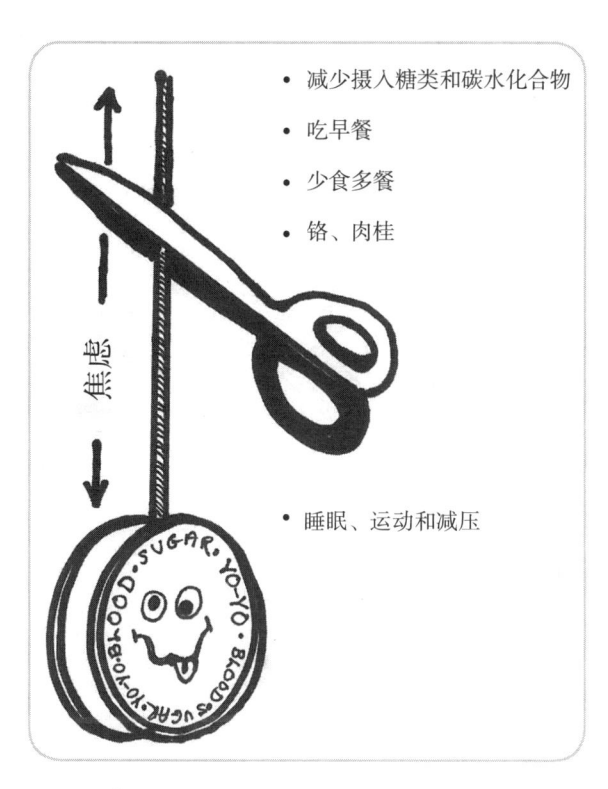

图 5-3　预防血糖不稳定

## 打造健康的消化道总结清单

- 解决便秘问题。多喝水,多吃富含纤维的食物,减轻压力,必要时使用天然泻药。

- 打造健康的消化系统。深呼吸,喝苦味餐前酒,充分咀嚼,吃健康食品,休闲放松。

- 选择健康的食物。按照地中海式饮食法,大量摄入蛋白质和益生菌食品,拒绝不健康的食物。

- 修复肠漏。冥想,保证充足的睡眠,运动;饮食健康,采用剔除式膳食法;服用营养补充剂。

- 控制血糖波动。戒掉简单的碳水化合物,记得吃早餐,规律进食(每三个小时进食一次),服用铬和肉桂,保证充足的睡眠,运动,减压。

第六章

# 缓解焦虑的七种心身疗法

> 只有你自己才能给自己带来安宁。
>
> 拉尔夫·沃尔多·爱默生（Ralph Waldo Emerson）

### 案例：医学院学生莎娜

年轻的莎娜是一名医学院学生，最近被纽约的一所顶尖医学院录取了。她很聪明，可惜患有广泛性焦虑症，尤其是在考试前她总是感到万分紧张，因此为了考进医学院，她吃了不少苦头。现在她考进了梦想中的医学院，但在入学后的前几个月，她对考试感到焦虑，差点坚持不住了。

当我第一次看到莎娜时，她的聪明、才华和思维敏捷给我留下了深刻的印象。由于她说话语速很快，我几乎听不清她在说什么。我问她是不是特别紧张，她说："不，我不紧张。你为什么会这样问呢？"

那天，我们谈到了很多事情。我了解到她吃的食物中含有大量的糖和碳水化合物，蛋白质的含量却很少；此外，她经常锻炼。她从起床的那一刻起到晚上睡觉前就一直保持着这样"运转"的状态。我给她制定了一个方案，让她吃富含蛋白质的丰盛的早餐，稍微减少运动量，并服用具有镇静作用的氨基酸GABA。我让她多去公园散步，并建议她尝试冥想打坐。当我跟她说到冥想时，她的第一反应是"我讨厌冥想"。

当患者告诉我他们不喜欢冥想时，我知道他们其实最需要它。冥想可以让我们在生理上得到放松（毕竟，身后没有恶熊在追）。当莎娜来找我时，她一直处于战斗或逃跑的状态，她总是在逃离那只虚构的恶熊。

那天我们一起在办公室进行了30秒的冥想。一开始莎娜觉得很难，但她还是做到了。莎娜必须处理她脑海中时常出现的想法——大多是关于失败的主题，而冥想有这样的作用。我们把冥想时间改为一分钟，每天两次。现在，莎娜不仅顺利地在医学院读到了四年级，还在给一年级的学生上冥想课！莎娜的焦虑症已得到明显的缓解，她不再因考试而备感压力了。

我们在本书第二章讨论了大脑皮层，即大脑的外部区域，它是使我们进行高级思考的地方，也是大脑中据说使我们比其他动物更聪明的区域。大脑皮层也会导致我们过度思考，并向下丘脑和杏仁核（大脑的恐惧中枢）发出信号，从而引发焦虑情绪。正如我们所看到的，这个系统的存在正是为了帮助我们识别和逃离危险。当我们身处险境之中时，这是好事。但不幸的是，焦虑症患者往往会过于创造性地和频繁地使用这个系统，以至于当我们身处绝对安全的环境中时，还会觉得自己处于危险之中。

幸运的是，有许多很棒的镇定方法可以帮助我们重置这个系统，让身体知道它不再处于危险之中。虽然有很多方法可以缓解压力，但我将专注于我个人常用的方法，而且它们通常对焦虑症患者有很好的疗效。除了第二章中谈到的把焦虑写出来和直面消极的想法等方法外，接下来即将讲到的方法也同样重要。

## 接受充足的阳光照射

在当今社会，我们常常因害怕患上皮肤癌而避开阳光，在我看来这种心理可以理解，但也的确属于过度担忧。自古希腊时代以来，日光疗法一直是一种疗愈身体和平衡思想的宝藏方法。医学之父希波克拉底很早就发现，有情绪障碍的人需要接触充足的阳光。

健康地暴露在阳光下可以平静和平衡情绪，这主要是通过以下三种方式实现的：保持健康的血清素水平，平衡昼夜节律，以及增加维生素 D 储备。美国民谣歌手约翰·丹佛（John Denver）唱道："阳光照在我的肩膀上，使我感到高兴。"虽然我不确定他是否对此进行了全面的人类研究实验，但他似乎确实深信阳光对情绪的好处。

当眼睛暴露在阳光下，下丘脑就得以激活。下丘脑是人体生物钟的所在之处，也是神经系统、免疫系统和激素系统的交汇点。在一天中，人的节奏平衡高度依赖于阳光照射的时间点和时长。因此，适度地暴露在光照和黑暗的环境中是十分关键的，它能形成健康的身体和良好的情绪所需要的昼夜节律。传统中医（TCM）基于阴阳平衡的概念，阴代表黑暗和黑夜，阳代表光照和白天。在中医学中，阴阳一旦失去平衡，我们便无法拥有真正的健康。在前面有关睡眠的章节，我们谈到了黑暗对我们保持健康正常的昼夜节律所起到的至关重要的作用。现在我们来讨论一下光照的好处。

### 光照和血清素的关系

血清素是一种让情绪感觉良好的神经递质，可同时镇定和改善情绪。当人所处的环境中光线在增强时，人体的血清素水平也会提高，这可能就是人们在夏季通常会感到更快乐的原因。事实上，2002年的一项研究对101名男性被试的血液进行了观察，结果表明血清素的含量在冬季处于最低水平。更重要的是，大脑和身体中的血清素的生成速度取决于人暴露在光照中的时长以及光线的强度，这就说明了为什么夏天晒太阳通常会比冬天更能有效地生成血清素。其他研究也表明，当人处于黑暗的环境中时，大脑中的血清素转运体（结合血清素并使其失去活性的小蛋白质）变得更加丰富，而且这些研究还说明了这些运转体是如何在黑暗中增多的——黑暗向我们的身体发出信号，让身体活动平静下来。如果你容易感到焦虑，而且血清素水平通常较低，那么你极有可能患上了焦虑症和惊恐障碍。

## 阳光和昼夜节律

现代生活给了我们无数方法使我们的皮肤远离阳光的照射。白天，大多数人都待在室内工作，出门的时候全副武装，旅行时也是待在能够遮挡阳光的交通工具中。我们的环境正在逐渐变成一个大号防晒装备，甚至过去被认为是健康的日照现在也被空气污染隔断了。更重要的是，现代医学非常重视使用防晒霜，吓得我们把不经意间接收到的最后一点阳光也阻挡住了。

我们的身体需要暴露在阳光下，尤其是在早晨。不过，还是让我们面对现实吧：你每天早上有多长时间在户外呢？可能的情况是，要不是因为要上班或上学，你早上根本不会出门。即使有人早上出去跑步，除非是夏天，否则跑步的时候还是在黑暗中！普通人要赶上日出还真不容易。正如前面所讨论的，人要保持正常的昼夜节律就需要在早晨有高水平的皮质醇（一种肾上腺压力荷尔蒙），过少的日照不利于昼夜节律。随着白天时间的推移，人体分泌的皮质醇会逐渐减少，晚上处于最低水平。当太阳落山、人体的皮质醇水平降低时，体内会适当地分泌褪黑素，向神经系统发出温和有力的信号，使其镇定放松——睡觉的时间到了。

一旦接受的日照不足，人的昼夜节律就会变得紊乱，皮质醇水平会在一天中出现不正常的波动。当这种压力荷尔蒙在错误的时间上下波动时，身体会感知到下丘脑的生物钟和整个压力系统不正常，人就更容易出现焦虑感和情绪问题。

情绪问题显然与褪黑素的延迟释放有关，当夜间人体的皮质醇水平过高或者人太迟入睡时，就会出现这种情况。如果你属于"早起型的人"，那祝贺你，你的作息时间可以让你有一个健康的昼夜节律。早起型的人在晚上九十点时就有睡意，然后在第二天早上五六点时醒来。他们有更大的概率能早起，享受清晨明亮的阳光，其身体在早晨分泌的褪黑素也会减少，昼夜节律更健康，焦虑的症状更少。

**阳光和维生素 D**

阳光是生成维生素 D 的主要来源，而维生素 D 对许多身体活动都至关重要。低维生素 D 水平会提高因癌症、心脏病和肺部疾病致死的风险。为了避免患者患上皮肤癌，医生往往建议他们远离阳光照射，然而，恐惧阳光、远离阳光可能会导致更多其他疾病，从而造成更多的死亡，并且会导致情绪问题。

自然阳光实际上是由三种光线组成的：可见光、紫外线（UV 光）和红外线（IR）。紫外线的一种成分——中波紫外线（UVB），可将皮肤上的一种叫作 7-脱氢胆固醇的化学物质转化为维生素 $D_3$，从而催化皮肤中维生素 D 的生成转化过程。

此外，其中的红外线波长也对情绪有重要作用。研究表明，当动物暴露在红外线光下接受压力测试时，它们不太可能会感受到焦虑。我在办公室里经常将针灸疗法与一种叫作"特定电磁波谱灯"（Teding Diancibo Pu，通常被称为 TDP 灯）的红外线设备结合起来使用。我让患者把腹部或后背下方等身体部位暴露在 TDP 灯下，该设备会散发出热量和远红外线。患者告诉我，TDP 疗法能让他们感到平静、安全和滋养，并且在针灸的疗程中能使他们感到温暖。

以上这些关于阳光的信息对我们有什么启示呢？启示就是：只要条件允许就出去晒太阳吧！当然，也不要曝晒，以免晒伤皮肤——过多的阳光照射的确会增加患皮肤癌的风险，这一点也的确需要注意。一个好的经验法则是，出去晒太阳时，把皮肤暴露在阳光下，直到皮肤开始有点发红为止。

### 晨光：光疗箱

虽然理想的做法是暴露在阳光下，接受自然光的照射，但并非所有人都能保证自己的安全，做到只晒不伤。如果你的皮肤非常白皙，或是有个人或家族皮肤癌病史，请咨询医生。这种情况下，你可能需要补充维生素 D 或者使用光疗箱。

众所周知，灯箱疗法有助于缓解季节性情绪失调（SAD）。不过，它对于那些早上皮质醇水平较低而夜间反而较高的患者也很有用（皮质醇水平可以通过肾上腺唾液的状况来测量）。灯箱将有助于提高晨间的皮质醇水平，并在夜间将这种压力荷尔蒙降至较低水平。皮质醇水平处于平衡状态有助于降低焦虑反应，调节身体对糖分的控制，甚至有助于降低对食物的渴望和暴饮暴食的倾向。

如果你决定尝试灯箱疗法，那么可使用 10 000 勒克斯[①]的全光谱白光灯箱。每天早晨你至少要在灯箱前坐 30 分钟。我的患者都喜欢在早上使用灯箱时阅读、写日记或喝杯茶。

## 与大自然密切接触

自然疗法的前提是"自然治愈"原则。作为一名自然疗法医师，这一原则激励我尽可能地为每位患者提供最自然的治疗方案，以使他们达到身体的康复和平衡。其中一种比较有效的方法是让患者在大自然中待一段时间——而现在，我同样要求你这样做。

自然疗法真的有用吗？数以百万计的人生活在城市里，他们看起来还好，对吧？在传统中医中，当身体的能量与周围环境的能量再次达到平衡时，身体就会痊愈。中医认为，大自然知道如何保持平衡，而人的身体状况就是大自然的反映——所以一旦你的健康出现问题，大自然就可以帮你恢复到平衡的健康状态。事实上，风水的概念中也有类似的说法，如果你家中的能量处于不平衡的状态，就会对你的健康产生负面的影响。当我居住的房间比较整洁时，我的感觉也往往会更好。

---

① 即 lux，一种照度单位。

如果我们的健康真的会受到周围自然环境的影响，那我们必须扪心自问：当周围的环境不健康时，会发生什么呢？它会对身体产生什么影响？关于环境医学（研究环境中的毒素如何影响人类健康）方面的书很完备。人类的健康与生活的环境息息相关，这就说明了为何今天有那么多医疗保健工作者热衷于拯救树木，因为他们清楚，如果我们不保持大自然的生机和正常运转，人类的健康就没有希望了。

一项有趣的研究比较了胆囊手术患者被试的恢复情况。其中一组被试可以从床边的窗户看到外面的绿树，而另一组被试则只能对着一堵光秃秃的墙。研究结果显示，可以看到大自然景观的被试住院时间较短，而且术后出现的小问题（如持续性头痛或恶心）也比较少。此外，据医院工作人员报告，能看到大自然景观的患者更容易出现好的情绪，而只能看到墙的患者的抱怨要多得多——工作人员给出的评估是"患者很沮丧"和"患者需要很多鼓励"。更令人印象深刻的是：能看到绿树景观的患者所需强效麻醉止痛药的剂量也比对照组少得多。

日本人对大自然怀着强烈的敬意和崇拜之情。他们把在大自然中度过时光称为"森林沐浴"（shinrin-yoku）。这种浸泡在森林中的做法因其对健康有益而著称，特别是其有益于人的精神健康和免疫系统。森林沐浴疗法的操作其实很简单——患者只需在森林中待一段时间，呼吸森林中的空气，森林中的空气含有树木释放的分子。

2009年，日本医科大学（Nippon Medical School）对12名年龄在37~55岁之间的健康男性进行了一项研究。研究人员让这些被试走进大自然，开启了一次三天两夜的自然之旅。在旅途中，被试们在不同的时间间隔内向研究人员提供他们的血液和尿液样本。在实验的第一天下午，被试们步行穿过了一片森林，历时两个小时。第二天，他们在上午和下午分别穿过两片不同的森林，同样走了两个小时。被试们第二天和第三天的血液样本显示，他们血液中被称为"自然杀伤细胞"的免疫细胞和其他抗癌因子的含量显著增加。而且，在旅行结束后的整整一个月内，被试体内的自然杀伤细胞一直都保持在较高水平——这说明森林沐浴有非常好的疗效。此外，对感到焦虑的你来说可能更为重要的是，这项研究还发现，在森林沐浴后，身体为应对焦虑而释放的压力荷尔蒙肾上腺素的水平下降了。对我来说情况也是如此，当我在森林里散完步或跑完步后，通常会在当天剩余的时间内感到比较平静。

树木和植物会释放出各种化学物质，这些化学物质可能会对人体产生积极的影响。植物会散发出一种叫作"植物杀菌素"的有机抗菌分子的化学气味，这可能是森林可以起到镇静和加强免疫作用的原因。

另一项针对老年人的研究表明，在森林里待一段时间可以降低人体的皮质醇水平、血压、心率，减轻体内炎症。与此同时，置身森林会刺激副交感神经活动，也就是身体的放松反应——"休息和消化"。当你感到焦虑时，身体需要通过这种反应来保持平衡。

## 多模式情绪研究视角下的生活方式改变

我曾在西雅图的巴斯帝尔大学接受医学培训。我可以很荣幸地说，在自然疗法医学和整体医学这两个领域的教育方面，巴斯帝尔大学都是顶尖学府。该校附近的华盛顿大学的常规医学非常著名，被认为拥有全美最好的初级保健医学项目之一，但它不是整体医学方面的名校。尽管如此，2001年我还在上学的时候，华盛顿大学的研究人员发表了一项研究，该研究可能是有史以来我最喜欢的研究。研究人员观察了112名患有轻度或中度抑郁症的女性，要求这些被试每周5天、每天白天到户外散步20分钟。此外，被试们还服用了多种维生素（包括50毫克维生素$B_1$、一些维生素$B_2$和维生素$B_6$、400微克叶酸，以及400IU维生素D）和200微克硒。对照组不进行任何步行活动，并且服用维生素安慰剂。研究发现，步行组中有85%的被试抑郁症和焦虑症的程度有所减轻，自尊感和幸福感的指数更高。研究证明，户外散步结合维生素的效果比迄今为止任何抗抑郁药物的效果都要好。

这项研究很特别，因为它为未来检查健康和药物效果的新方法铺平了道路。与那些一次只变动某一项参数的研究不同，这项研究同时变动多项参数，包括变动生活方式、自然环境和维生素的服用情况，以观察这些因素共同作用带来的影响。常规的医学研究倾向于只考察某一种干预手段（通常是一种药物）是不是阻止人体生理活动的因素。例如，给有胃酸倒流问题的患者服用某种"紫色的小药丸"，如果患者的这一症状消失了，就可以证明是这些小药丸阻止了胃酸倒流。这样的研究的确可以用来防止胃酸倒流，但对于解决根本问题和促进营养吸收并没有多大帮助。如果采用自然疗法来治疗胃酸倒流，则可能需要几个方面同时进行：既要改变饮食，又要减压放松，还要运动锻炼，并且使用有助于平衡胃部和胃部功能而非抑制胃部活动的补充剂。你现在看出这两种方法的区别了吗？为了让每个患者都能拥有更好的健康状态，这种多角度的、更有利于患者身体健康的方法应成为医学研究的主导方式。另一位先驱者迪安·欧尼斯（Dean Ornish）博士在《美国医学会杂志》（Journal of the American Medical Association）上发表了一篇研究报告，其中涉及多种改善健康状态的治疗方法，包括同时进行有氧运动、压力管理、戒烟和群体心理社会支持等方法。一年后，欧尼斯博士发现，当采用这种多因素治疗方法后，心脏病患者的动脉硬化出现了逆转，而那些采用常规治疗方案的患者的情况却变得更糟！五年后，采用这种多因素治疗方案的效果甚至比之前更好。他还发现，当把这种同时改变多种因素的治疗方案应用于治疗前列腺癌时，无论是只有一年病龄还是病龄长达五年的男性患者，其癌症基因的表达都发生了逆转。这些研究结果实在令人惊奇，在传统医学领域中可谓闻所未闻。

欧尼斯博士的工作预示着医学界的未来。根据我十多年的从业经验，我可以告诉你，这种多模式视角也是顶级整体医学方案能为焦虑症患者提供的治疗的核心所在。

**室内环境**

前面我们讨论了户外活动的好处，以及树木和植物如何向你的身体传递健康的信息。其实，把这些绿色生物带进室内，哪怕是在室内放点它们的图片，也可能会对健康有益。实际上，我们所处环境四周的画面通常会影响我们的感受。

因此，我总是建议患者要注意他们的室内环境。我建议：当你有权决定周围的环境时，尽可能选择那些让人感到宁静平和和积极向上的画面。研究显示，室内植物可以帮我们创造一个平静和治愈的环境。

20世纪80年代，美国得州农工大学（Texas A&M）对160名心脏病康复患者进行了研究。研究人员给一组被试观看大自然的照片，给第二组被试观看由直线和矩形组成的现代抽象图片，而只给第三组被试观看一面空白的墙壁。观看大自然山水照片的第一组被试的焦虑感明显得到缓解，康复期的疼痛感也减轻了，他们停用强力麻醉止痛药的速度是最快的。而有趣的是，看到抽象图片的第二组被试的焦虑程度比只能看到白墙的第三组被试更高。这不难理解，因为自然界中通常不会出现直线、矩形这些抽象的线条，第二组被试相当于被迫观看这些线条，也就被迫远离了自然世界。人远离了自然世界就会产生压力。

虽然室内绿植无法与真正的室外植物相提并论，但它们也有一定的镇静作用。在日本的一项研究中，研究人员让一部分被试拿着或触摸绿萝两分钟，结果发现这部分被试比对照组表现得更平静、更冷静。当人们与树叶互动时，大脑中被压力激活的区域（如杏仁核）的血流量减少了——也就是说，一般在压力环境下会被激活的大脑中心在这种互动中没有被激活。该研究的作者认为，不只是绿萝能产生这样的效果，大多数叶子柔软光滑的室内植物都有类似的缓解焦虑的效果。

慢性焦虑症患者经常出现血压升高的情况。另一项同样来自华盛顿州立大学的研究表明，被试进入栽种很多植物的房间后血压会明显下降，哪怕他们没有跟这些植物进行直接的接触。还有一项临床试验研究了 90 例接受过痔疮切除手术（也就是切除患者身上疼痛肿胀的痔疮静脉）的患者，这类患者通常都会觉得压力很大。研究人员在一半的术后患者的病房里放置了植物和鲜花，另一半患者的病房里没有放这些。与另一半患者相比，病房里放有植物的那一半患者的血压更低，疼痛、疲劳和焦虑的感觉更少，而且他们的满意度也较高，并且相信是这些植物"使病房环境变得更明亮，减轻了压力"。即使医院给两组患者提供的护理是相同的，但病房里有植物的那组患者却报告说医院的工作人员似乎更关照他们。该试验说明，即使患者受到的照料完全相同，植物也能使他们感到更加开心。

**电子产品**

在有关睡眠的章节中，我们提及睡前有必要控制屏幕的亮度。电子产品（如计算机、手机和电视）产生的亮光会抑制褪黑素的释放并导致入睡困难的问题。

美国使用消费类电子产品的人非常多。最近的一项研究表明，人们每天平均每六分钟就会看一次手机，其中超过一半的人承认他们在睡觉时也会查看手机。这太可怕了！更重要的是，这些电子设备的光度变化和操作速度都非常快，只要点击按钮或滑动屏幕，所需的信息就会在毫秒之间显示出来。电子产品让我们感觉自己很强大，有种自己无所不能的错觉。一旦我们没法在几秒钟内打开电脑，或者手机下载的速度不够快，我们就会抓狂、失去耐性，甚至还会生气。

在前文中，我们谈到了大自然的重要性。比如，植物、水景、平静的画面等对情绪都有益处。现在，让我们将这些图像与计算机、平板电脑或手机的屏幕做一下对比：所有电子产品的屏幕都是明亮的灯光、像素化的图像和快速移动的动画。难怪我们会比以前更容易焦虑，因为人的大脑适应的是大自然，而不是触屏。因此，我们花在电子产品上的时间越多，生活中的焦虑感可能也就越多。

可问题是电子产品会让人上瘾。跟吸毒一样，人在跟这些电子产品设备分开时也会出现戒断症状。正如吸食可卡因的人急需下一剂毒品，手机用户也离不开手机。一项针对美国人的调查显示，有73%的人在找不到手机时会感到恐慌。

那电子游戏呢？对孩子来说，电子游戏会让他们兴奋；对父母来说，电子游戏让带孩子这件事变得更简单了。当你们在餐厅吃饭时，如果你的孩子开始闹腾想要引起你的注意，这时要怎么办呢？只要让他玩电子游戏，他就会安静好几个小时。平均有80%~90%的孩子喜欢玩电脑游戏。不幸的是，一些研究表明儿童的攻击性和注意力方面的问题跟他们玩电脑游戏有关。伊朗的一项针对384名男性学生的研究发现，青少年电子游戏的使用量与他们患焦虑症和抑郁症之间呈95%的相关性。玩家年龄越小，患焦虑症的可能性就越大。

另一个日益受关注的问题是社交媒体。英国的一个焦虑协会对使用社交媒体的人进行的研究发现,当被禁止登录Facebook网后,几乎有一半的用户会感到忧心并出现生理上的不适症状。似乎人们不接触社交媒体就会感到焦虑。大约65%的被试在使用各种形式的社交媒体后还出现了睡眠问题。

因此,社交媒体与焦虑之间有着很强的相关性。可能是使用社交媒体让人感到更焦虑了,但也可能是焦虑的人更容易被社交媒体吸引。也许这是一种可以避免在现实生活中互动的方式。虽然很难说清楚是哪一种可能,但是无论如何,我都强烈建议你限制使用社交媒体的时间。我的建议是每天看两次手机,每次大约10分钟。这样一来,你既可以保持社交联系,又不会在上面花过多时间。

也可以尝试每隔一段时间给"电子产品放个假",可以是在假期,也可以是其他你可以真正休息的时候,做到以下几点,看看一天结束后自己的感受如何:

- 远离手机;
- 远离电视;
- 关上电脑;
- 远离钟表。

顺便说一句,如果这个想法让你感到不可思议,那你很可能最需要这么做!

## 进行深呼吸和冥想

前面章节我们谈论了 HPA 轴（下丘脑－垂体－肾上腺轴），以及我们头脑中的想法是如何传入大脑中枢并引起全身的压力和焦虑反应的。这个机制也许很强大，但我们却能够与之对抗。在这场情绪之战中，冥想和深呼吸就是我们最好的武器。

我经常问患者一个古老的佛教谜语，现在也来问问你。在你查看答案之前，请尝试自己解答。

问题："如果你想一个人待着，去哪里生活最好？"

答案：活在当下，因为当下只有你自己。

还没有一个患者能回答正确！这个概念是非常基础的：要想真正做到不焦虑，就必须真正地活在当下。如果你能训练大脑关注当下，你就不会感到焦虑了，因为活在当下和焦虑是两种完全不相容的状态：焦虑是为已经发生的事情或将要发生的事情而担忧。

问题在于，大脑在未经训练的自然状态下会习惯性地回忆过去或思考未来。你养过小狗吗？还记得你当初把小狗带回家时的样子吗？它到处乱跑，疯狂吠叫，撕咬东西，到处撒尿。如果你对小狗听之任之，不去训导和管教它，它就会继续这样张狂，甚至变本加厉，最终在这种毫无规则的状态中走向极端，变得不快乐。孩子同样如此——我们需要用规则来指导他们，只有这样他们才会听话。大脑亦如此！

当我们的大脑感到焦虑时，就说明它不开心了，而且无法自控。

这时你就需要通过冥想来管教那只乱跑的不开心的小狗。许多焦虑症患者都说："冥想不适合我，只会让我变得更焦虑。"好吧，我也说过类似的话，因为当时我真的太过于焦虑了，这反而说明其实我最需要冥想。很可能你也是这样。

7000多年来，冥想一直在为人类提供情绪支持和安抚的作用。在佛教传统之外，我们有很多种办法通过放松呼吸来平静大脑活动，如瑜伽、超觉冥想（称为TM）、中国气功、禅宗佛教等。这些方法的共同思想是更深刻地专注当下。

著名的神经内分泌学家罗伯特·萨波斯基（Robert Sapolsky）记录了焦虑与脑细胞破坏之间的关系，尤其是海马区的脑细胞，海马体对情绪的调节和记忆力的保持非常重要。高水平的压力荷尔蒙皮质醇会侵蚀海马体，并且破坏大脑组织。因此，焦虑的人往往海马体萎缩，并且难以集中注意力。不过，正如我们在有关锻炼的章节中所讨论的，我们能够通过运动锻炼来促进大脑细胞再生。另一个被证明可以使大脑细胞再生并能同时训练大脑的方法是冥想。

哈佛大学的研究人员发现，那些平均每天进行40分钟冥想以此减缓呼吸频率的人的大脑结构出现了积极的变化；而没有冥想的人，随着时间的推移，他们的大脑会出现人类衰老常见的问题。研究人员在用核磁共振手段检查被试的脑部状态时，发现成年人的大脑检查结果比年轻人表现更好，也许是因为成年人更能控制自己的思想。实际上，没有人真正了解冥想对大脑有好处和使大脑细胞再生的机理是什么，我们只知道冥想的确会产生这样的效果。

正如我们在本书中所谈到的,炎症会引发焦虑感,而冥想有助于控制炎症。冥想会促使身体产生一种叫作"迷走神经张力"的紧张反应。迷走神经张力是冥想放松反应的一部分,当你冥想的时候,身体会停下来,不会再有逃离"恶熊"的压力感。冥想有助于控制炎症和维持健康的消化功能。

与焦虑症相关的研究可以追溯到 20 世纪 90 年代初,当时有研究表明,冥想训练可以有效地减轻焦虑和惊恐的症状,并能持续减轻广泛性焦虑症、惊恐发作或广场恐惧症(害怕出现在公共场所或人群中)症状。不过,冥想的功效不仅仅适用于焦虑症:2009 年《补充与替代医学杂志》(Journal of Complementary and Alternative Medicine)进行的一次元分析发现,正念冥想还能帮助健康的人减轻压力。冥想还被证明有减轻反刍性思维(对事物的过度反复思考和轻度的强迫性思考)的功效。

基于正念冥想的认知疗法(mindfulness-based cognitive therapy,MBCT)是乔恩·卡巴·金(Jon Kabat-Zinn)发明的一种特定类型的冥想疗法。人们越来越喜欢将正念认知疗法和心理治疗结合起来使用。正念认知疗法的基础在于通过感受而非判断的方式来处理人的想法和思维,以此达到缓解压力和焦虑的目的。

为了从焦虑、压力和沮丧的感觉中平静下来,请尝试以非评判的方式思考自己的想法,即不要对自己的想法进行判断,只需体验当下的情绪和身体的感觉,接受它并解决它。正如我在前面提及的,如果你能活在当下,就不会感到焦虑、压力大或者沮丧,活在当下的心态和这些感觉是不相容的。

尽管理论上正念认知疗法是很有效的，但直到今天我们仍不清楚它在临床上的应用是否同样有效。为了对正念疗法进行正确的评估，2010年波士顿大学的研究人员进行了一项元分析，希望通过回顾大量的已有研究和文献来得出一个强有力的结论。在评估中，研究人员分析了39项研究，研究中一共有1140名被试接受了心身疗法。他们称正念疗法有"坚实的"疗效，这是医学文献中的一个重要术语。研究结果表明，正念疗法对焦虑症和抑郁症都有明显的改善效果，哪怕这两种病症还与其他问题（如其他病症）相关。研究还表明，正念疗法产生的积极影响是持久的。总之，正念疗法对焦虑症非常有效。

### 一种简单的冥想方式

有效的冥想方式有很多，我经常向患者推荐的是一种非常简单的冥想方式：用鼻子吸气沉到腹部，然后通过嘴巴呼出气体。可以按照下面的步骤做五分钟的冥想。我建议你每天早、晚各做一次，如果你觉得很舒服，想延长时间，也可以。

1. 找一个舒适的地方坐下，躺下也可以，但是不要睡着。

2. 设置一个铃声舒缓的计时器（就像好听的手机铃声一样），这样你就不必担心时间或者在冥想时偷看时钟了。

3. 放松肩膀，让肩膀像果冻一样松软。然后将放松的感觉移至你的脸部、胸部、背部、手部、臀部、腿部和双脚。

4.轻轻地用鼻子吸气。如果鼻塞比较严重，也可以用嘴吸气。吸气时，假装胃里有一个空的充气气球。可以想象自己选了一个有自己最喜欢的颜色的气球，然后给这个气球充气。注意不要抬高胸肌和胸腔。把一只手放在腹胃部，另一只手放在胸口。如果放在胸口的那只手在动，说明你呼吸的方式不正确。正确的方式是吸气时只有放在腹部的那只手在向外凸出。

5.用嘴呼气。

注意：要放松、轻柔地呼吸，不要用力、刻意地呼吸。如果呼吸时有任何想法出现（会有想法出现的），想象这些想法正穿过你的大脑，随着下一次呼吸轻轻地移出体外。不用强迫自己把想法赶出去，它们会随着呼吸的节奏自然而然地发生。想法就像海浪一样，无论我们是在工作还是坐着什么也不做，大脑里都会有一些想法进进出出。也不要去评判这些想法，试着像一个被动的观察者那样看待它们。

## 进行瑜伽练习

瑜伽具有 5000 年的历史，虽然没有冥想练习那般历史悠久，但它在精神上与冥想和深呼吸是相关的。不过，瑜伽有更多的运动步骤，是一种燃烧压力荷尔蒙的好方法。"瑜伽"的英文"Yoga"一词来自梵文"yuj"，意为"枷锁"。瑜伽需要我们集中意识，将身体、精神和情感世界联结起来。

我认为瑜伽是运动和冥想的结合。当你在做瑜珈时，同时在做呼吸练习，心无旁骛，达到放松的目的。和运动锻炼一样，瑜伽也是进行深呼吸和促进血液循环的好方法。就像我们接下来将要谈到的针灸一样，瑜伽的目的是清除身体里的能量障碍和生理障碍，以便获得平静和对现实的满足感，从而产生愉悦感。在梵语中，"幸福愉悦"的字面意思是"畅通无阻的平和"。因此，瑜伽可以帮助我们打通受阻的能量，帮我们在当前状态下真正获得愉悦感。更重要的是，做瑜伽的过程能让我们跟他人建立更亲密的联系。

大量研究表明，我们可以通过瑜伽来改变下丘脑－垂体－肾上腺轴（HPA），也就是说，做瑜伽可以改变压力系统的运转，而且这种改变方式是愉悦的、健康的。与冥想一样，瑜伽也能降低皮质醇水平，平衡副交感神经系统和交感神经系统的活动。瑜伽还能调节神经递质血清素的水平，从而有助于改善情绪，同时还能稳定血糖含量。

瑜伽还能减少炎症标志物，如 C 反应蛋白，从而达到减轻炎症的效果。此外，瑜伽还可以有效地降低血压。在完成 90 分钟的艾扬格瑜伽（Iyengar，非常注重身体姿势的正确摆放）练习后，人体的唾液皮质醇浓度会显著下降。瑜伽还可以提高镇静神经递质 GABA 的水平。在相关实验中，对照组被试安静地阅读杂志和小说，不进行任何瑜伽练习，而瑜伽练习组则要完成 60 分钟的瑜伽练习，在做完瑜伽后他们体内的 GABA 水平显著提高。

2005 年进行的一项针对焦虑症患者的系统回访发现，瑜伽能有效地减轻压力。在另一项针对强迫症患者的研究中，患者练习了昆达里尼瑜伽（Kundalini yoga）以及包括持咒禅定在内的其他瑜伽技巧，三个月后，与只进行了基础的冥想练习的对照组相比，练习瑜伽的患者在强迫症控制方面取得了更大的提升。

尽管瑜伽几乎没有什么禁忌，也几乎不会和西药产生交互作用，但如果你以前没有尝试过，那就要慢慢开始、循序渐进地进行，因为拉伸运动会增加肌腱的负担。你可以从哈他（hatha）瑜伽开始，这种瑜伽比较舒缓，可能是瑜伽新手的最佳选择。如果你有任何身体上的不便，可以从私人瑜伽教程开始；如果你有什么顾虑，可以提前告知瑜伽老师；如果你处于妊娠期，仍然可以练习瑜伽，可以调整某些体式来适应孕期的腹部；如果你有青光眼、高血压或坐骨神经痛等问题，请在练习前咨询医生。

最后一点：不要做任何让你感觉不舒服的瑜伽姿势。容易焦虑的人可能喜欢追求完美，但追求把事情"做到极致"的心态只会加重焦虑。把瑜伽当作一种练习方式，享受你美丽的缺陷吧！

## 试试针灸法

针灸对我来说是极好的选择，不仅因为我自己就是针灸师，而且还因为当我曾经患有严重的焦虑症和失眠症的时候，第一个成功让我入睡的方法就是针灸。那个时候，我极度需要睡眠，但又不想服用医生给我开的药。我去看了一位针灸师，跟他讲了我的情况。他看了看我的舌头，给我把了一下脉，然后非常确定地告诉我，我患上了一种叫作"心肾不交"的病,当时我完全没听懂这是什么病。我只知道那时每个夜晚对我来说都很恐怖,当太阳落山的时候,我就开始害怕夜晚的到来,躲不掉一整晚的辗转反侧和心跳加速。如果你也失眠过,不用我说,你就知道失眠的感觉有多糟糕。正因为如此,我才觉得针灸对我来说简直就是天赐良药。虽然针灸没有百分之百解决我的失眠问题,但是当我看了三四次针灸师后,每晚至少有一半时间我是睡着的。只有睡眠变好了我才有足够的精力去寻找其他方法,帮助自己全面好起来。因此,我把这些方法都写进了本书中。

**针灸的基础:阴阳**

针灸和传统中医已有三四千年的历史,它们都是基于自然的观念,其思想是,人类来自大自然,人类的能量平衡(阴阳)代表自然界的能量。只要我们与自然界和谐相处,我们的能量就能保持平衡,也就能远离疾病。针灸时,针灸师会将细针刺入患者身体的阴阳穴位,帮助患者调和身体能量,使之重新达到与自然相平衡的状态。

阴性能量代表的是自然界中平静、宁静、滋养的能量。阳性能量代表的是自然界中活跃、温暖、让人兴奋的能量。在中医思想的范式中,焦虑通常是由阳气过多(或阴气不足)造成的问题。换句话说,就是一个人体内的阳性能量过多或者阴性能量过少,阴阳失衡,以至于使他无法集中注意力。我在临床实践中经常遇到后一种情况,即阴气不足。

阴气不足容易使人变得焦躁不安。在中医中，情绪方面的疾病通常是由于愤怒和悲伤积郁在心中，以及其他未被完全消化释放的情绪，引起阴阳失调，并最终导致情绪问题。长期的外界压力、饮食不良、睡眠和运动不足也会使生命能量失衡，我们把这种生命能量称为"气"。"气结"增多，身心不宁。焦虑的人可能表现得过"阳"；相反，抑郁的人则会表现得过"阴"。

在中医学中，情绪问题通常集中在特定的器官上。在我看来，跟焦虑症最相关的三个器官是肾脏、肝脏和心脏。肾脏是存储人体能量的地方，就像汽车的电池一样，人类需要存储能量才能活动。惊恐伤肾，肾脏变弱会导致阴气亏损，从而使得与阴气相对的阳气就会过盛。阳气过盛，人就会感到焦虑。

肝脏是储放压力的地方。过度的压力会导致出现中医称之为"肝气郁结"的病症，这意味着肝脏中的能量被堵住了。能量不通就会造成肝失疏泄，从而引起胃部问题（如恶心、胃酸倒流和嗳气）。也可能出现肝火旺盛的情况，从而导致头晕和焦虑，有些人还会变得易怒、暴躁、缺乏动力。

心脏是安放精神的地方，精神包含人的思想、情感和意识。人的创造性反应力，以及对快乐和悲伤的感知力都来自内心，也就是"精气神"中的"神"。在中医看来，当心神受到干扰，就会导致焦虑、抑郁和其他情绪疾病。健康的生活方式有助于养成健康的心神。

不过需要注意的是，上面对这些器官的描述并不意味着西方生物医学意义上的人体器官出现了问题，这里说的是中医概念里肾脏、肝脏和心脏所代表的意义。

**针灸是如何起作用的**

讨论完中医和阴阳能量后，接下来，让我们来讨论一下科学机构对针灸的看法。尽管针灸的全部作用机理尚不清楚，但许多研究表明，针刺适当的穴位可以刺激血清素、去甲肾上腺素、多巴胺、β–内啡肽，以及脑啡肽和强啡肽这些情绪平衡分子的释放。这些物质中很多要么是由身体的压力系统释放的，要么能帮助身体调节、平衡压力系统，这表明它们对情绪有直接影响。针灸还可能影响自主神经系统（神经系统中决定我们是否感到紧张或平静的部分）、免疫系统、炎症和激素。

那有没有研究表明针灸对焦虑症有疗效？2007年，一个研究小组查阅了许多研究资料，结果发现有12项有效的研究能够支撑这一说法；其中10项是严格的随机对照研究。总体而言，研究发现针灸对治疗广泛性焦虑症和焦虑性神经症都有积极的效果。耳针疗法对外科手术前的焦虑症状尤其有用，而这种焦虑症通常是很难治疗的。尽管总体有这些发现，但研究人员仍然建议需要有更多的研究支撑才能确切地证明针灸的疗效。

根据我的治疗经验，针灸镇定疗法对轻度至中度的焦虑症患者尤其有效，而比较严重的焦虑症患者可能会过度地担心或者害怕针头，从而弱化疗效。我会尝试把患者对针头的恐惧当作一次让他们通过呼吸镇定下来，并在针灸前和针灸过程中努力克服这些消极想法的机会。如果针灸让你感到焦虑和不安，请告诉针灸师，看看他能否引导你做完针灸。你不会失望的。

在临床实践中，我发现使用针灸来辅助或代替治疗焦虑症和抑郁症的传统医学方案或者其他自然疗法的好处是显而易见的。针灸还可以帮助药物更快地发挥作用，并且可以使患者只服用较低的剂量就可以获得比较好的疗效。此外，针灸还能帮助那些正在进行常规药物戒断的患者。

针灸非常安全，不会与其他治疗方案、自然疗法、心理治疗或药物相冲突。它甚至对孕妇都是安全的，而且不影响母乳喂养。大量的研究对数百万名患者进行了检查，几乎没有发现任何风险。例如，2009年的一项对近23万名接受过针灸疗法的患者进行的调查发现，只有3名患者因针灸治疗而受伤，并且这些伤害都不会危及生命。

**接受按摩治疗**

与针灸一样，治疗性按摩也是最古老的保健方法之一。希波克拉底很清楚治疗性按摩的重要性以及活络身体和促进循环对健康的意义，他曾告诫他的学生，每个医生都必须熟谙"按摩"的技能。按摩也有助于活动淋巴组织，从而促进身体排毒。按摩还有助于放松紧张的肌肉和神经系统。

20世纪90年代中期的研究表明，按摩有促进人体镇静的作用，并能将压力荷尔蒙皮质醇的水平降低 30%。同时，按摩还能同幅度地提升多巴胺和血清素的含量，二者都有提振情绪的作用。

一些研究表明，按摩可以有效地减轻目标性焦虑症（与特定事件相关的焦虑症）和广泛性焦虑症症状，降低患者的血压和心率，缓解疼痛和抑郁。一篇文献综述甚至暗示按摩对于焦虑症的治疗效果可能和心理疗法一样好。该综述查阅了 37 项关于按摩的随机对照试验，发现与对照组相比，按摩疗法实验组的焦虑水平平均降低了至少 77%。相比之下，与未接受过治疗的患者相比，接受心理疗法治疗的患者的焦虑水平降低了 79%。为了获得更好的疗效，我赞同将按摩和心理疗法结合起来使用。

在我开始接受定期按摩治疗之前，我以为我永远都不会欣赏按摩的作用。我不希望展现自己脆弱的那一面。现在，我发现按摩是一种奇妙的极好的放松心身的治疗体验，怎么都不嫌多！如果你对按摩不放心，请与你的按摩师沟通，让他知道你的想法。

### 心身健康检查

- 充足的光照（如有需要，也可以考虑灯箱）。
- 走进大自然。
- 尽量避免使用电子设备。
- 呼吸和冥想。
- 至少选择一种心身疗法：瑜伽、针灸、按摩。

## 第七章

# 服用营养补充剂和安全戒药

> **案例：玛丽莎**
>
> 我第一次见到玛丽莎的时候，她快 21 岁了。在她 19 岁时她的父母离异了，当时她还在上大学。差不多在同一时间，她的一个好朋友在乘坐一辆醉酒司机驾驶的汽车时出车祸去世了。这两件事情几乎改变了玛丽莎的人生，事情发生后不久，她开始感到焦虑——这是她以前没有经历过的。玛丽莎患上了演出焦虑症，在考试或者在众人面前讲话的时候，她就会感到焦虑，在派对和社交聚会上她开始感到头晕，睡眠也开始受到影响。
>
> 在大约一年的时间里，玛丽莎换了好几种抗焦虑药物。起初她的初级保健医生给她开了阿普唑仑，让她白天服用，但这种药物似乎不起作用，所以当她的睡眠问题恶化后，医生又给她开了氯硝西泮（Klonopin），让她晚上服用。后

来她出现了视力模糊和手足肿胀等问题，四个月后只好停药。之后她尝试了"更温和的"劳拉西泮（Ativan），但这种药物也没有效果，不仅加重了视力模糊，还导致了便秘。

于是，医生决定改变治疗方法，尝试用SSRI类药物进行治疗。第一种药是依地普仑（Lexapro），在服用该药四周后，玛丽莎的焦虑似乎的确减轻了，但恶心的感觉却加重了。于是，她转而服用左洛复（Zoloft）。左洛复的疗效没有依地普仑好，而且也会产生类似的恶心反应，两个月后这种反应仍没消失。

在玛丽莎感到十分恶心且沮丧之时，一位朋友向她推荐了我，这位朋友的母亲几年前曾因消化问题来我这里治疗。玛丽莎向我说明了她的情况，还提到了SSRI类药物对她的疗效以及药物副作用让她变得更加虚弱。

我们谈到了一些基本方面，如饮食、生活方式，以及一些基础的血液测试。我意识到玛丽莎承受了巨大的压力，导致她的神经递质发生紊乱。我的想法很简单：玛丽莎在服用苯二氮卓类药物（阿普唑仑、劳拉西泮）时效果不佳，但服用SSRI类药物（依地普仑、左洛复）时效果却不错。SSRI类药物可以阻止血清素被大脑中的酶系统分解。和我的其他许多患者一样，玛丽莎的身体对这些药物太敏感了，以至于无法很好地消受它们。

那为何不尝试更温和、更自然的药方呢？我给玛丽莎开了一些 5-羟基色氨酸（5-HTP）——一种极易被大脑吸收的特殊形式的色氨酸，而色氨酸能通过自然的方式改善血清素系统，并且没有副作用。玛丽莎开始服用我给她开的药，每天服用两次，一次 50 毫克。我还给她开了一种温和的富含 B 族维生素（有助于生成血清素）的复合维生素，以及一些鱼油和益生菌。

不到一个星期，玛丽莎就感觉症状好了一半。于是我们将色氨酸的剂量增加到一天两次，一次 100 毫克，结果不到三周，她便感觉痊愈了，而且没有任何的副作用反应。我还帮她继续改善了饮食和生活方式，并把她送到了一个专业治疗师那里，以疗愈她失去亲人和密友的痛苦。

上述案例向我们展示了温和的自然疗法是如何帮助人们达到平衡的，并且它比药物疗法更有效，副作用也更少。不过，我们将要讨论的这些只是众多营养补充剂中的一部分。还记得前言中有关凳子的理论吗？营养补充剂只是凳子的一条腿而已，"一条腿"是无法完全支撑起人的健康的，但如果配合完整的自然疗法，疗效就会好得多。我想说明的是，营养补充剂本身不能解决你的焦虑问题。"补充剂"就是以健康的生活方式、饮食和积极思维为前提的一种补充治疗方案。很多患者之前就已经看过不少医生，当他们第一次来找我时都带着一大袋子补充剂，尽管他们每天都服用这些补充剂，但他们的情况还是没有得到好转。这样的情况很常见，我不希望你也这样。

我希望你能达到这样一个状态：相信自己不再需要药瓶里的任何东西，不管它是药物还是补充剂。想要达到这种状态，你就要充分吸收本书前几章的内容，并尽最大努力真正地改善自己的思想、睡眠、运动、饮食和心身健康。在做到这些之后，可以再选一些合适的补充剂来辅助治疗，这会让你恢复得更快。

在前面部分，我们已经讨论了许多有助于睡眠、消化以及营养和激素平衡的补充剂。在这一部分，我们将介绍其他有助于消除焦虑的补充剂。因为你不可能全都用得上，所以请仔细阅读并找出最适合你需求的补充剂。

说到补充剂，推荐你从最基础的补充剂开始。绝大多数情况下，我会推荐患者使用三种补充剂——复合维生素、鱼油和益生菌。这是保持基本健康的三驾马车，我称之为"三联需求"。

虽然在个别特殊的情况下我可能会使用某些特定的补充剂，但为了保持整体的健康，我会定期服用这三种补充剂。接下来让我们简要地介绍一下这三种补充剂，看看它们能如何帮你战胜焦虑。

## 复合维生素

要补充营养，吃复合维生素基本上是不会出错的。我们都知道，许多维生素和矿物质有益于我们身体的基本活动，而复合维生素把它们结合在一起，能够满足身体的某些需要。

不过，你真的需要补充复合维生素吗？它能帮你解决焦虑问题吗？当我们营养不足时，情绪就会低落。我们许多人按标准美国饮食（standard American diet）来保持身体所需的营养，但这种饮食中蔬菜和天然食物的含量少得可怜，结果就导致身体缺乏一些维持健康真正所需的物质。如优质蛋白质，蛋白质会分解成氨基酸，像色氨酸这样的氨基酸是神经递质的基石，而神经递质是提升情绪的分子。如果缺乏蛋白质，神经递质的水平就会下降，从而导致不良情绪。

你可能会说："我不需要补充复合维生素，我的饮食很健康。"但很可能你也需要补充。关于这方面最完整的研究表明，即使是那些认为自己的饮食比较健康的人，也是要补充的。美国饮食协会（American Dietetic Association）对20多种不同的饮食方式中共计70种食谱进行了分析，这些菜单来自不同领域的人群，从饮食十分健康的精英运动员到那些饮食不太健康也不进行运动的人群。结果显示，即使是饮食健康的人，其饮食中的营养也没有完全达到每日最低营养摄取指标（recommended daily allowance，RDA）所需的营养标准。你猜怎么着？运动员居然是最缺乏维生素的人群。

澳大利亚的研究人员给50名健康男性（年龄在50~70岁之间）服用了复合维生素或安慰剂。研究人员发现，服用维生素的被试压力更小，精力更充沛，最后完成的工作也更多。来自英国的研究也表明，优质复合维生素有助于解决轻度情绪问题，而且有助于缓解压力，增强能量。

## 复合维生素的剂量

我总是告诉患者要选择那些优质的胶囊形式的复合维生素，胶囊里面是维生素粉末，比药片状的维生素更容易被身体分解吸收。优质维生素胶囊的平均剂量是每天 3~6 粒。我知道这听起来有点多，但在开始服用维生素时通常是有必要多吃一点的，因为毕竟还要补充因多年焦虑而流失的营养。几个月后，你可以将剂量降至一半，再过几个月，可以降至四分之一（前提是整个饮食营养摄入量比较高）。

2013 年，美国预防医学工作组（U.S.Preventive Services Task Force）进行的系列研究表明：复合维生素既没有任何副作用，也没有任何毒性。一项超过 27 000 人的试验表明，服用复合维生素的人罹患癌症的概率更低。

## 鱼油

鱼油富含脂肪酸，可帮助体内的细胞形成高质量的膜。健康的细胞膜意味着良好的细胞沟通和传输，能够清除毒素，并且降低体内炎症。鱼油还含有维持健康的神经系统所必需的脂肪酸。"必需"意味着身体无法制造它们，需要从外界获取——因此，如果没有摄入足够的营养，就无法真正保持最佳情绪和愉悦感。对于神经系统来说，鱼油有助于脑源性神经营养因子（BDNF）和神经生长因子（NGF）的生成，二者都负责神经细胞的生长和修复，如果它们无法正常运转，人也就很难从焦虑中恢复。而且，鱼油已被证明对肾上腺有直接的支持和益处。当人的压力过大时，肾脏顶部的腺体会被过度使用。

焦虑症患者体内必需的脂肪酸二十碳五烯酸（EPA）和二十二碳六烯酸（DHA）（鱼油的主要成分）的含量比较低。实际上，已经有研究表明，体内的 EPA 和 DHA 的含量与焦虑程度直接相关。通过对焦虑症患者进行扫描后发现，低水平的 DHA 会扰乱大脑对糖的利用——当大脑无法摄取或利用糖时，它就会认为自己正在挨饿，于是原始的应激反应系统就会开始启动并发挥作用。在这种状态下，人们无法轻松地进行决策或解决问题。DHA 含量较低还会使大脑中被称为前扣带回和前额叶皮层的部分变得过于活跃，从而导致情绪问题。那么，是否有证据表明鱼油真的有助于缓解焦虑情绪呢？当然有。我甚至认为在我行医的纽约市的饮用水中都应该加入鱼油（开个玩笑而已，油和水是不相溶的。）

医学院的压力太大了：接二连三的考试，面对朋友的离去，还有很多你并不想参与或看都不想看的活动，以及睡眠时间严重不足。一项为期 12 周的研究显示，与服用安慰剂的学生相比，服用半茶匙鱼油的学生体内的炎症减少了 14%，焦虑症状减少了 20%。那是在相当短的时间内由少量鱼油所产生的效果——如果研究人员像我给患者做治疗那样给学生们满满一茶匙鱼油，效果可能会更好（在研究中，经常看到研究人员没怎么给学生服用天然补充剂，他们似乎既害怕给学生服用补充剂，却又不担心药物的毒性，可能制药公司在背后间接地资助这些研究——这个猜测看起来有些牵强，但也不是没有可能。低剂量的鱼油会产生较多的负面效果，显得补充剂的疗效不够好，从而使媒体传播一些"鱼油没有用"的信息)。

鱼油对大脑和神经系统有好处,因此它对抑郁症患者、精神分裂症患者以及那些对选择性血清素再吸收抑制剂(SSRIs)没有反应的抑郁症患者也有好处,那就不足为奇了。

**鱼油的剂量**

一般情况下,我会建议患者每天摄入 3 克或 4 克鱼油,大约含 900 毫克 EPA 和 800 毫克 DHA。如果你的鱼油标签上没有标记这些,那就换一种标有这些数据的鱼油。鱼油有胶囊和液体两种类型。虽然大多数人都避免服用液体鱼油,但请记住,你的祖母吃的很可能就是液体鱼油,所以液体鱼油肯定是有好处的。

有些人在服用鱼油后会打嗝。如果你也出现打嗝反应,可以尝试单独服用和跟食物一同服用,看看哪种方式对你最有效。有患者告诉我,可以将鱼油胶囊放入冰箱冷藏后再服用,这样可以降低打嗝的概率。如果你在服用鱼油后打嗝很严重,可以尝试肠溶衣胶囊,它在消化道中很容易被吸收,能够避免胃液倒流。不幸的是,我们在海洋管理方面的工作做得不够好,海洋的每一个角落都有毒素的存在。因此,你要挑选"分子蒸馏"鱼油,这种鱼油经历了百分之百的除毒过程,不含汞和毒素。

鱼油是非常安全的,但如果你正在服用改变血液凝块的药物(有时被称为血液稀释剂),最好在服用鱼油之前咨询医生。最近,有媒体报道称鱼油会导致前列腺癌。我的几个男性患者联系了我，告诉了我这个消息。我发现这些报道很奇怪，因为很多研究表明鱼油可以预防某些癌症，其中就包括前列腺癌。这项说鱼油会导致前列腺癌的研究发表在美国著名期刊《国家癌症研究所杂志》（Journal of the National Institute of Cancer）上，该杂志隶属美国国立卫生研究院。我仔细研读了这项研究，发现它的研究对象主要是维生素 E，而不是鱼油补充剂。这项研究根本没有跟踪鱼油补充剂，相反，研究人员在长达六年的研究时间内只在两个微不足道的时间点使用过鱼油的替代标记物，并由此推断出其余的时间点。"外推法"是一个很花哨的词，意为"几乎没有信息基础的编造"。如果我在高中科学课上交了这样的实验和书面报告，那我肯定不及格。这项研究被发表在这样一份权威期刊上，并以事实性的形式公之于众，足以证明医疗机构对自然疗法的偏见。有趣的是，最近《英国医学杂志》（British Medical Journal）对超过100万人进行的21项研究进行了未公开的分析，结果显示，鱼油和 ω-3 脂肪的摄入显著降低了乳腺癌的发生率。令人惊讶的是，竟然没有媒体报道过这个信息！

**鱼油的食物来源**

你能猜出哪里可以找到鱼油吗？当然是鱼身上啦！一些研究表明，吃鱼可能是吸收鱼油的最佳方式。因此尽量多吃鱼吧——我发现自己很难吃到足够的鱼，所以我也会服用补充剂。

像凤尾鱼、鲱鱼和沙丁鱼这样的小鱼是很好的 ω-3 来源。较大的鱼（如金枪鱼、鲨鱼、箭鱼、鲭鱼和鲑鱼）都是不错的选择，但有些可能会受到汞和有害农药的污染。请在第五章中找到鱼类含汞量的清单，你可能会惊讶地发现，鸡肉、鸡蛋和牛肉其实也是 ω-3 脂肪酸的合理来源，只要这些动物是食草动物就行。

### 素食者吃纯素油会怎么样

虽然像亚麻籽油和芝麻油这样的纯素油可能会有一些好处，但它们需要在体内转化为 EPA。不幸的是，对于许多有长期情绪紊乱问题的人来说，他们的转化酶通常不能很好地发挥作用。因此，植物油不可能像鱼油那样支持大脑和神经系统的活动。如果你愿意的话，我建议你尝试鱼油。如果出于道德原因无法考虑鱼油，那你可以考虑一下藻类衍生物脂肪、亚麻籽油或菜籽油。这些油类以及核桃和豆腐都是纯素食主义者补充 ω-3 脂肪的最佳食物来源。

## 益生菌

我们在第五章的食物部分讨论了肠道内"健康细菌"的重要性，也就是肠道中微生物群落的重要性。如果你需要重温这个话题，请翻回第五章的相应部分。

接下来，我们要讨论的是通常被叫作"益生菌"的补充剂。这类补充剂旨在支持微生物群，帮助减轻焦虑症状。在针对两组有焦虑倾向的老鼠进行的动物研究中，服用了益生菌的老鼠比未服用益生菌的老鼠更放松。这些更放松的老鼠体内的皮质酮水平较低，老鼠体内的皮质酮跟人类"压力荷尔蒙"皮质醇对应。另一项研究发现，从一只压力较大的老鼠的粪便中提取适量的细菌放入没有表现出压力症状的老鼠体内，会导致原本没有压力的老鼠变得紧张起来。顺便说一句，这种粪便交换过程被称为"粪菌移植"（你可以喊"呕呕呕呕……"了），并有可能适用于多种疾病的治疗，包括治疗溃疡性结肠炎这种严重的结肠炎症性疾病。

尽管针对人类进行的关于益生菌和情绪之间关系的研究很少，但现有的这些少量的研究给焦虑症患者带来了希望。与研究中的安慰组相比，既不受焦虑症也不受抑郁症困扰的健康人，只需连续 30 天服用乳酸菌和双歧杆菌这两种益生菌就能缓解心理压力和抑郁的情绪，减轻愤怒和敌对情绪，减轻焦虑，提高解决问题的能力。在另一项研究中，慢性疲劳患者连续 60 天服用乳酸菌，其焦虑症状也比服用安慰剂的患者减轻很多。

**益生菌的剂量**

不同的研究使用的益生菌菌株和剂量都不相同，大多数研究使用的是乳酸菌和双歧杆菌，所以我在临床实践中倾向于推荐它们，剂量为 40 亿益生菌，一天三次。如果患者正在服用抗生素或有长时间的抗生素治疗史，我会建议他加大剂量。虽然益生菌非常安全，但对于那些肠道出血的患者来说可能是禁忌。由于益生菌的质量千差万别，请从信誉良好的制造商处购买，因为劣质的益生菌已被证明是无效的，而且还可能含有危险的细菌，如大肠杆菌。

## B 族维生素和矿物质

我们刚刚讨论了一些营养补充剂：复合维生素、鱼油和益生菌。接下来我们将要讨论一些其他的补充剂，这些补充剂对焦虑症患者也很有帮助，它们可能不像我们将要讨论的第三种选择那样直接调节情绪，但它们能为基本的生理活动提供支持。

### B 族维生素：维生素 $B_3$、维生素 $B_6$、维生素 $B_{12}$、叶酸和肌醇

如果你压力很大，就有必要补充 B 族维生素了。压力会加速消耗这些维生素，而我们在高压之下非常需要这些维生素来维持身体健康。B 族维生素在神经递质的生成和高半胱氨酸的调节方面起着重要的作用，这两者都会影响情绪。大量流行病学的研究表明，体内 B 族维生素的水平越低，焦虑症状就越严重。下面让我们花点时间来了解一下这些奇妙的 B 族维生素。

#### 维生素 $B_3$

维生素 $B_3$（烟酰胺）以其单独治疗焦虑症的功效而闻名，它改善情绪的方式有两种：第一，它可以阻止肝脏分解色氨酸，而色氨酸是人体产生能缓解焦虑的血清素所需的氨基酸。实际上，如果患者有睡眠问题，有时我会推荐他服用 500 毫克维生素 $B_3$ 和色氨酸。第二，维生素 $B_3$ 能激活色氨酸向 5-HTP 的转化。一项研究试验发现，补充维

生素 $B_3$ 可以防止婴儿在出生时由于氧气不足而产生焦虑情绪。

### 维生素 $B_6$

维生素 $B_6$（吡哆醇）是色氨酸转化为血清素的主要辅助因子。缺乏维生素 $B_6$ 会导致情绪低落。众所周知，避孕药会消耗维生素 $B_6$。20 世纪 80 年代初的一项研究表明，由于服用避孕药的女性体内的维生素 $B_6$ 消耗过快，每天补充 40 毫克维生素 $B_6$ 能帮助她们缓解焦虑和抑郁的症状。其他有关维生素 $B_6$ 补充剂的研究发现，患有经前期综合征的女性在服用了 200 毫克镁和 50 毫克维生素 $B_6$ 后，其焦虑程度得到了轻度的缓解。

### 维生素 $B_{12}$

维生素 $B_{12}$（甲钴胺）是合成血清素的关键因子。有证据表明，抑郁症患者体内的维生素 $B_{12}$ 水平越高，治疗效果就越好。我的营养老师是研究维生素的专家阿伦·加比（Alan Gaby）博士，他做的有关维生素的逸闻报告表明，每周给患者肌肉注射维生素 $B_{12}$ 可以帮助他们把血清中维生素 $B_{12}$ 的水平维持在正常范围内，减轻患者莫名其妙的焦虑症状。我还尝试过维生素 $B_{12}$ 舌下含片，效果很好。

### 叶酸

叶酸一词来自拉丁语"folium"，意思是"叶子"——叶酸的最佳来源是绿叶。长期服用药物或避孕药，长期饮酒，以及食用绿叶蔬菜不足，都可能导致叶酸耗损枯竭。叶酸含量过低会使血清素增强药物更难发挥作用，而且多巴胺、血清素和肾上腺素的生成也需要叶酸。适量的叶酸也有助于控制高半胱氨酸的含量。

### 肌醇

肌醇是一种从植物中提取的微甜的粉末，不是真正的 B 族维生素，但它通常与 B 族维生素结合在一起使用。1996 年，在一项有关肌醇的研究中，强迫症患者和惊恐障碍患者每天服用约 18 克肌醇。在另一项针对惊恐症患者的后续治疗的研究中，要求 20 名患者服用相同剂量的肌醇，另外一组患者服用氟伏沙明（Luvox，一种 SSRI 类药物），然后比较两组被试的状态。研究发现，服用肌醇的患者惊恐发作的次数平均减少了四次。我希望未来能看到更多关于肌醇的研究。

### B 族维生素复合物

通常情况下，B 族维生素不是单独服用，而是组合服用的。我通常在诊所也是让患者这样使用的，尤其对于那些每天都要承受巨大压力的焦虑症患者。在一项关于 B 族维生素的研究中，给 60 名处于较大压力下的员工提供了为期 3 个月的 B 族维生素复合物，在研究结束时，被试感受到的"个人压力减轻了，迷茫感和抑郁/沮丧的情绪也极大地减少了"。基本上，B 族维生素复合物可以帮助压力较大的人在长期的日常压力中坚持下来，保持健康的状态。迈阿密大学（University of Miami）的一项试验评估了 60 名成年抑郁症患者，他们在连续 60 天服用 B 族维生素复合物补充剂后，抑郁和焦虑症状均有显著的改善。虽然这项研究及其研究者是由维生素制造商提供资助的，但其研究结果与我们从其他研究中了解到的是一致的。

### B 族维生素复合物、叶酸和肌醇的剂量

我建议患者服用的 B 族维生素复合物包括维生素 $B_1$（100 毫克硫胺素）、维生素 $B_2$（25 毫克核黄素）、维生素 $B_3$（75 毫克烟酰胺）、维生素 $B_5$（200 毫克泛酸）、维生素 $B_6$（15 毫克吡哆醛-5-磷酸）和维生素 $B_{12}$（500 微克甲钴胺），以上均为每日服用剂量。一般还搭配一些叶酸（400 微克 L-甲基叶酸）一起服用。这些复合维生素是优质维生素，能被身体充分吸收利用。这些维生素的服用剂量也高于通常研究中使用的剂量，但我的患者一般都能很快地消化掉。当焦虑症状得到控制后，可以减少剂量以作日常保健之用。

有时候，在某些情况下，额外添加单项 B 族维生素也是有用的。例如，每天服用 100 毫克维生素 $B_3$，可以提高色氨酸补充剂的有效性，这对焦虑症和抑郁症都是有用的。视具体情况，我会单独额外服用 $B_{12}$ 舌下含片（最多不超过 5000 微克）和叶酸（最多不超过 2 毫克）。另外，如果焦虑症、强迫症或恐慌的情况比较严重，我也会考虑加入粉状肌醇（每天最多不超过 18 克）。

### B 族维生素、叶酸和肌醇的毒性

B 族维生素是水溶性的，不会在体内蓄积，因此不大可能产生毒性，我在临床实践中也从未见过这种情况。不过应该引起注意的是，高剂量的维生素 $B_6$（每天超过 200 毫克）可能会导致手脚出现可逆性刺痛或神经病变，并伴有疲劳的症状。为了安全起见，建议每天使用

维生素 $B_6$ 的剂量不要超过 100 毫克。叶酸在用于治疗癌症时不应与氨甲蝶呤合用,因为它会影响氨甲蝶呤杀死癌细胞的能力,但在治疗类风湿性关节炎时应与氨甲蝶呤结合使用。如果你在服用氨甲蝶呤,那你在服用叶酸前请先咨询医生。肌醇看起来没有毒性,但我见过两名患者出现过轻微的胃部不适,且症状在停止服用肌醇后就消失了。

**含有 B 族维生素、叶酸和肌醇的食物**

总体而言,大多数 B 族维生素和一般维生素的最佳来源是绿叶蔬菜,如羽衣甘蓝、菠菜和甜菜。维生素 $B_6$ 的主要来源包括青椒、菠菜和萝卜菜叶。维生素 $B_3$ 的主要来源包括鸡肉、火鸡和牛肉;含维生素 $B_3$ 丰富的果蔬类来源有豌豆、葵花籽和鳄梨。维生素 $B_{12}$ 在鲷鱼和小牛肝脏中含量较高;在包括海带、藻类(如蓝绿藻)和啤酒酵母在内的蔬菜类食物中含量相对较少。甲基叶酸存在于菠菜、芦笋、莴苣、萝卜菜叶、莴苣菜叶,以及其他多种蔬菜和豆类中。大多数蔬菜、坚果和小麦胚芽都是不错的肌醇来源。

**镁**

如果硬要我选一种最喜欢的补充剂,那可能就是镁了。镁对心脏和血管很有好处,对肌肉和神经系统也有放松的作用。多年来镁一直是我平衡焦虑的好帮手。

现代生活中,镁缺乏现象十分严重,因为镁在食物加工的过程中被去除了。请注意,任何用精加工面粉做成的食物(如所有的白面包、百吉饼、曲奇……），都只剩下 16% 的矿物质和镁！正如我们在本书有关食物的章节所了解到的那样，简单的碳水化合物会从身体中带走镁。此外，过滤会去除水源中所有的天然矿物质。体内镁含量较低会刺激身体引发炎症，使你大脑中的神经递质水平更难保持平衡，因为神经递质需要镁作为辅助因子。挪威的一个研究小组调查了近 6000 名年龄在 46~74 岁之间的人，发现镁摄入量较低与焦虑症和抑郁症高发之间存在一定的相关性。

**镁的用量与毒性**

我在诊所里给患者开的镁剂量一般是一天两次，每次 250 毫克。有些患者每天需服用镁的总量可能高达 800 毫克。我喜欢用甘氨酸镁或牛磺酸镁。此外，泻盐浴也是一种很好的补充镁的形式，泻盐是硫酸镁，能够很容易通过皮肤吸收进入体内，对放松肌肉尤其有效。镁是无毒的，不过需要注意两点：如果你的大便有点松软，则可能要减少镁的用量；如果你有任何的肾脏问题，镁可能就不太适合你了，所以请提前咨询医生。

---

**泡个镁盐澡**

晚上洗澡时，可以在浴缸里倒入一两杯泻盐，这会带给你更好的舒缓效果。再滴几滴薰衣草精油，可以让你更放松。

### 含有镁的食物

矿泉水是重要的镁来源。法国人的心脏病发病率比较低,原因可能在于他们喝了大量的矿泉水。其他含镁食物包括黑糖蜜、西葫芦、菠菜、比目鱼、萝卜菜叶,以及一些种子(如南瓜子、葵花籽和亚麻籽)。

## 铬

正如我们在第五章中谈到的那样,当人体内的血糖失衡时,焦虑感就会剧增,原因在于,当体内的血糖含量处于较低水平而且不太稳定时,大脑就会产生焦虑反应。铬是一种微量矿物元素,是葡萄糖耐量因子(GTF)分子的主要构成成分。GTF 能够促进血糖在全身各处的流动,有助于胰岛素从血液中提取糖晶体并将它们送入所属的身体细胞中。铬还有助于血清素的正常活动。

### 铬的剂量

当每日服用 200 毫克的标准剂量时,铬就不会对人体产生副作用。对于任何类型的焦虑症患者来说,只要血糖有问题,无论是长期低血糖、血糖水平不稳定还是高血糖,铬都是一个很好的选择。如果你有持续的血糖问题,我建议你服用铬的剂量是每日三次,每次 200 微克,随餐服用。

### 含铬的食物

啤酒酵母是我最喜欢的铬来源之一,洋葱、西红柿和长叶生菜也是获取铬的来源。肝脏也是一个不错的来源，但要确保你食用的肝脏是来自自然饲养的动物，否则动物肝脏中可能储有毒素。

## 硒

硒也是一种微量矿物质，它可以帮助身体保持其自身强大的抗氧化能力。硒有助于预防癌症、生成神经递质，并支持甲状腺激素甲状腺素（T4）转变为更活跃的三碘甲状腺原氨酸（T3）形式。在临床试验中，当给患者服用硒后，其焦虑程度有所减轻。

### 硒的剂量和毒性

通常，如果焦虑症患者体内的 T4 无法正常转变为 T3，我建议他们每天服用 100~200 毫克硒。硒有一定的毒性，可能会导致毛发、指甲和皮肤异常等问题。尽管这些问题只是在服用剂量过大时出现，我还是建议每日硒的用量不要超过 400 微克。

### 含硒的食物

硒的最佳食物来源有肉、鱼、巴西坚果和大蒜等。

## 锂

锂是一种矿物质，我第一次听说它是在 1991 年涅槃乐队（Nirvana）推出《锂》（*Lithium*）这首歌的时候。当时我想在摇滚乐队里表演，所以涅槃乐队发行的所有作品都让我兴奋不已。乐队主唱科特·柯本

（Kurt Cobain）写的其实是用于治疗双相情感障碍的药物碳酸锂，而我们接下来要讨论的是天然的锂矿物质及其在治疗焦虑症方面的作用。

锂能让人感觉良好，人所处的环境和所饮用的水中的天然锂含量越高，自杀率就越低。纽约萨拉托加的锂泉水区曾经被易洛魁人（Iroquois）用来疗伤和维持健康。事实上，在1950年之前，苏打饮料七喜中含有锂补充剂——顺便说一句，你可能不知道可口可乐中曾经含有少许的可卡因，这并不是一种健康的提神方式。

锂似乎能通过多种途径对大脑产生益处：它保护神经细胞免受损伤，并通过提升超级大脑修复分子——脑源性神经营养因子（BDNF）的水平来促进新细胞的生长。除了锂之外，运动、益生菌和鱼油也可以增加焦虑症患者体内缺少的BDNF的含量。锂还可能提高大脑中保护性脂肪酸DHA的含量。事实上，接受锂治疗的患者患阿尔茨海默病的概率明显较低。

锂还有助于提升体内的催产素含量。催产素是一种重要的改善情绪的神经递质，当你接受按摩或放松，或与朋友一起享用美食的时候，体内就会大量分泌催产素。一般来说，容易感到孤独的人体内的催产素的含量较低。锂似乎还有助于提高大脑中的GABA水平。GABA是一种有镇定作用的神经递质，焦虑症患者体内的GABA含量通常很低。此外，一些细胞培养研究表明，锂还可以提高大脑中的抗氧化剂水平。哇！锂这种补充剂缓解焦虑感的方式居然有很多样！

大量针对老鼠的研究表明，锂能促进催产素的分泌。在一项小型研究中，20名长期吸食大麻的被试连续七天每天服用两次500毫克的药物碳酸锂。三个月后，大多数被试吸食大麻的次数减少了，有些人甚至完全戒掉了大麻。这项研究的作者提到，完全戒掉大麻的人比那些少量吸食大麻的人感觉更快乐。

我通常建议患者服用的锂补充剂是乳清酸锂，这种锂比药物更容易进入大脑。因此，你可以减少服用量，从而减少对身体的伤害，同时副作用也更少。碳酸锂的服用剂量约为每日180毫克，而乳清酸锂只用5毫克就能达到疗效。遗憾的是，目前还没有关于锂补充剂的正式研究。很多时候，没有针对天然补充剂的研究是因为它们既无法申请专利也无法获取利润，这样的东西没有利润可赚，因此人们也就不愿对其进行研究。但这并不意味着我们不应该去研究，因为研究天然补充剂可以给公众提供更大的福利。不管怎样，我非常期待未来会有关于乳清酸锂补充剂的研究。

### 乳清酸锂的剂量与毒性

乳清酸锂的剂量为每日5~20毫克。尽管这些口服补充剂没有显示出毒性，但我们知道高剂量的药物可能会导致问题，并且从理论上讲，高剂量的锂补充剂也可能会导致问题。乳清酸锂可能会使人呆滞、情绪迟钝、记忆力减退、颤抖和体重增加。长期、高剂量地使用该补充剂也会扰乱肾脏和甲状腺的正常活动。虽然我从未见过锂补充剂出现过这些问题，但也要谨慎使用，而且要在有经验的执业医生的指导下使用。有些头发分析测试和血液测试可以检测体内的锂含量——我更喜欢让患者在服用补充剂之前做这些测试，然后在其服用过程中再次测试。充足的维生素 A 和维生素 E 有助于保护人体免受过多的锂的侵害。

### 含锂的食物

百里香可能含有最高水平的天然锂，全谷物和绿色蔬菜也含有微量的天然锂。在某些文化中，人们把百里香油放在餐桌上，以方便吃饭时添加到食物中——这可能是方便在家操作的好方法。

## 锌

锌也是一种重要的微量矿物质，要保持好的情绪我们就需要补充适量的锌。当人体内锌的含量过低时，就可能会出现焦虑的症状。和锂一样，锌也有助于增加 BDNF 的含量。人体需要锌来生成有镇静作用的神经递质 GABA。当体内的锌铜含量之比低于正常值时，罹患焦虑症的风险就比较高了。

### 锌的剂量与毒性

典型的锌剂量是每日 15 毫克。如果体内锌的储存量已经很低，那么最好前两个月每天服用 30 毫克，之后可以减少到 15 毫克。锌最好与食物同时服用，以避免产生恶心反应。

### 含锌的食物

说到锌的食物来源，动物来源排在首位：羊肉、火鸡、牛肉和龙虾等都含有丰富的锌。南瓜子是最好的素食来源，也是我最喜欢的锌来源之一。我喜欢生吃南瓜子，这样可以获得健康的油脂。对男性来说，南瓜子还有助于维持前列腺健康。

### 氨基酸

补充氨基酸在焦虑治疗方案中占有重要地位，因为氨基酸是神经递质的直接组成部分。我一次又一次地见证过，很多焦虑症患者在处方氨基酸的帮助下恢复了情绪平衡，得以继续正常的生活。

### GABA 和菲尼布特

作为主要的镇静神经递质，GABA 是保持情绪稳定所必需的补充剂。GABA 补充剂基本上类似于一种非常温和的苯二氮䓬类药物，如阿普唑仑或劳拉西泮。（请注意，GABA 的药效不如这些药物，副作用也没有它们大）。GABA 有助于打开神经细胞通道，减缓神经发送信号的速度，有助于镇静大脑和减轻焦虑。

不幸的是，关于 GABA 的研究并不多，现有的少量研究确实表明 GABA 有助于治疗焦虑症。在一项研究中，63 名成年被试被分为两组，一组服用 100 毫克的 GABA，另一组服用安慰剂。结果显示，服用 GABA 组被试脑电图描记器显示的 α 波更加平衡。当大脑放松并感到平静时，就会产生 α 波。最常见的是，你在睡觉和冥想时就会产生这些脑电波。另一项研究显示，补充 GABA 可以增强 α 波的活性。当恐高症患者服用 GABA 后，即使他们感到害怕，GABA 也可以使他们的身体机能保持正常化,而这种情况在服用安慰剂组被试中是不会出现的。

菲尼布特是一种 GABA,被称为 β-苯基-γ-氨基丁酸,是一种鲜为人知但浓度更高的 GABA,在俄罗斯等国被用作处方药。在美国药店也可以买到它。虽然对菲尼布特的临床研究还不多见,但数十年的医疗应用历史和基础研究表明它对患者有很大的益处。

### GABA 和菲尼布特的剂量及毒性

GABA 可用于白天镇静情绪,夜晚辅助睡眠及保持睡眠状态(当你无法进入我们在上面提到的 α 波状态时)。有研究表明,GABA 之所以对某些人有效而对其他人无效,是因为 GABA 分子很难进入大脑,除非肠道和大脑屏障出现漏洞。患者可以尝试服用 GABA 补充剂,看看它是否有助于你冷静下来。对于敏感的患者,我通常建议从 250 毫克的剂量开始,最多可增至 750 毫克,不要随餐服用。在 4 个小时内服用的 GABA 总剂量不要超过 1000 毫克,在 24 小时内服用的总剂量不要超过 3000 毫克。口服 GABA 后等待半小时,看看是否有效,看它能否让自己感受到平静。如果没效的话,可以尝试 300 毫克的菲尼布特。如果这也没有任何效果,但你却因严重的焦虑或睡眠问题而需要菲尼布特,那你可以把剂量增至 900 毫克。

我认为 GABA 在几个月的时间内连续使用是相当安全的。相比之下,我更担心菲尼布特的安全性,因此我建议患者仅在有必要时服用菲尼布特,而不是定期服用(定期服用是指连续服用的时间超过一两周）。因为菲尼布特药效比较强，而且容易让人上瘾。需要注意的是，当这些补充剂产生疗效时，它们并不能"解决"引起焦虑的根源——这就说明了阅读本书其他章节的内容同样非常重要。

### 含 GABA 的食物

GABA 在绿茶、红茶和乌龙茶中含量最高。这可能是喝下午茶会让人感到放松的原因。韩国泡菜和酸奶等发酵食品以及燕麦中也含有 GABA。

## 甘氨酸

和 GABA 一样，甘氨酸也有镇定神经的作用，同时能够减少大脑中肾上腺素的分泌。虽然甘氨酸是结构最简单的氨基酸，但是对于焦虑症和惊恐障碍的治疗可能是最有效果的。两项小型的（被试分别为 14 人和 16 人）双盲安慰剂对照研究发现，高剂量的甘氨酸可以使大脑皮层（我们进行思考的地方）平静下来，并减弱其对声音的反应。由于大脑皮层是一切开始的地方（见图 2-1），因此，在我给焦虑症患者开的药方里，甘氨酸所占的位置非常重要。我在诊所里给患者治疗时，当有患者告诉我"每次救护车经过时都会吓得跳起来"时，我就知道他需要补充一定的甘氨酸了。

### 甘氨酸的剂量与毒性

甘氨酸是一种味道甜美可口的粉末，比较合适的剂量约为 1 茶匙（约 5 克），患者可取 1 茶匙的甘氨酸粉末加入少许水中，每天最多可喝 4 次。我的老师比尔·米切尔（Bill Mitchell）博士曾经教我们在甘氨酸混合物中加入 1 滴管（约 30 滴）西番莲，以增强镇定的效果。如果用于治疗广泛性焦虑症，患者每天最多可以服用四次甘氨酸水，或者在预期压力比较大的事件发生前的半小时内服用。尽管目前还没有发现甘氨酸有毒性，但患者若患有肾脏或肝脏方面的疾病，需要服用较高剂量的氨基酸，请在服用之前咨询医生。

**赖氨酸和精氨酸**

我把赖氨酸和精氨酸看作兄弟氨基酸，我喜欢把它们放在一起使用。赖氨酸能降低大脑中产生焦虑感的部分——杏仁核的活性，同时还能调节血清素，从而有助于减轻因压力引起的消化系统问题。精氨酸能使下丘脑平静下来，所以压力系统也会平静下来，那么压力荷尔蒙皮质醇就能保持在较低的水平上。

有研究针对赖氨酸和精氨酸对焦虑症的疗效进行了实验，研究结果均显示出赖氨酸和精氨酸对焦虑症的治疗有益。在一个研究中，研究的实验对象是患重度焦虑症的男性，一组被试每天服用赖氨酸和精氨酸各三克，另一组被试服用安慰剂，该实验为期 10 天。研究发现，服用赖氨酸和精氨酸补充剂的男性能更好地应对公众演讲的压力，而服用安慰剂组则没有这个效果。在另一个研究中，108 名焦虑症患者每天服用 2.6 克赖氨酸和精氨酸，结果发现男性被试的唾液中皮质醇水平较低，而女性被试则没有出现类似的结果。虽然我不清楚为什么只在男性患者中出现这种结果，但我们确实知道女性的皮质醇水平通常比男性高。很可能是因为这项研究进行的时间不够长，不足以看到女性的皮质醇水平下降。更重要的是，这项研究确实表明，无论是男性患者还是女性患者，他们所经历的恐惧感、紧张感和忧虑感都大大降低了。

### 赖氨酸和精氨酸的剂量和毒性

这两种补充剂的剂量均为 2~3 克，每日两次，不可与其他食物同时服用。从长远来看，它们是安全的。一些文献表明，精氨酸可能会加剧疱疹性溃疡的程度，如果有毒性的话。而赖氨酸实际上有助于治疗疱疹疮，并被当作一种治疗疱疹疮的天然疗法。

## N- 乙酰半胱氨酸

N- 乙酰半胱氨酸（N-Acetyl-Cysteine，NAC）是机体抗氧化剂谷胱甘肽的强力生产者。在急救护理界，它因能有效治疗肝毒性而被人们所熟知。NAC 已经在许多临床试验中被研究过，用于治疗强迫症、拔毛症（拔毛癖）和赌博成瘾。NAC 还被成功应用于治疗儿童和青少年自闭症，对患有抑郁症和双相情感障碍的成人也有疗效。我还用它来治疗慢性鼻窦炎，因为它有助于清除鼻腔和呼吸道的黏液。我看到很多人在焦虑的时候会鼻塞，因此 NAC 非常合适他们。

### N- 乙酰半胱氨酸的剂量与毒性

NAC 的典型剂量是 500~600 毫克，每日 2~3 次，避开用餐时间，不要与其他食物同时服用。NAC 是无毒的。一项针对有咬指甲习惯的年轻人的研究报告显示，这些年轻人在服用 NAC 后确实出现了头痛、躁动、戒断等情况，还有一些人出现了攻击性。如果患者正在接受化疗，那也需避免使用 NAC。

**含有 N- 乙酰半胱氨酸的食物**

虽然 NAC 不能直接从食物中获取，但半胱氨酸是 NAC 的前身，半胱氨酸常见于肉类、豆腐、鸡蛋和乳制品等高蛋白食品中。

**磷脂酰丝氨酸**

神经细胞膜由磷脂酰丝氨酸（phosphatidylserine，PS）和脂肪酸组成。PS 作为一种主要的细胞膜组成成分，负责细胞间的通信以及营养物质和毒素的调节。它还有助于缓解炎症反应并降低压力荷尔蒙皮质醇水平。

在一项试验中，试验人员给健康的男性被试服用 800 毫克 PS 之后，当接触运动应激源时，他们体内的皮质醇含量显著降低。研究人员对 PS 和 ω-3 脂肪结合使用的抗焦虑效果很感兴趣，他们对 60 名健康男性进行了试验，让一组被试服用 300 毫克富含欧米伽的 PS 补充剂，让另一组被试服用 300 毫克安慰剂，服用期限为三个月。试验结果表明，PS 和欧米伽脂肪合用对那些长期处于高压状态的被试具有减压的效果。鉴于试验中 PS 和欧米伽脂肪的剂量非常低，因此结果更让人印象深刻。但对于那些并非长期处于高压状态的被试来说，效果不是很明显。这就表明，当将 PS 和 ω-3 脂肪结合使用时是以适应原方式起作用的——当体内的应激化学物质水平过低时，天然的适应原性物质能够提高其水平；相反，当其水平过高时，适应原性物质则有助于降低其水平。

**磷脂酰丝氨酸的剂量与毒性**

我通常建议的剂量是每次 200~300 毫克，每天最多三次，在两餐之间服用。与甘氨酸或 GABA 一样，在压力事件发生之前服用 PS，疗效可能更为明显。对于那些承受了巨大压力、体内皮质醇含量较高、记忆力较差的高度紧张或抑郁的患者，我通常会推荐 PS。此外，当 PS 与 ω-3 脂肪酸结合使用时，效果最好。在针对 PS 的研究中，目前尚未出现有关其毒性的报道。

**含有磷脂酰丝氨酸的食物**

青鱼、鲭鱼、肝脏、鸡肝、白豆和蛤蜊中的 PS 含量最高。

## 牛磺酸

牛磺酸是由半胱氨酸氨基酸在维生素 $B_6$ 的帮助下生成的，它有助于稳定体内甘氨酸和 GABA 的水平，从而有镇静大脑和神经系统的功效。牛磺酸还能帮助大脑解除谷氨酸的毒性，谷氨酸是一种会加重焦虑症状的兴奋性氨基酸。此外，牛磺酸还是一种已知的抗凝血因子。尽管一些针对动物的研究显示牛磺酸有抑制焦虑的作用，但尚无针对人类的研究证实这一点。不过，尽管如此，我已经看到有可信的证据表明牛磺酸确实能有效地抑制焦虑感。

### 牛磺酸的剂量和毒性

牛磺酸的用量通常约为每次 500 毫克，每日三次。大多数情况下，我推荐患者服用牛磺酸镁补充剂，牛磺酸镁是一种含有矿物质镁和牛磺酸的镁化合物。尽管总体上关于牛磺酸的毒性的文献记载并不多，但目前已经发表的有限文献显示牛磺酸没有毒性。由于牛磺酸能够降低血压并导致嗜睡，所以请尽量在睡前服用。服用抗高血压药物的人需要监测血压，以确保血压不至于下降得过低。

### 含有牛磺酸的食物

牛磺酸只存在于动物源性食品中。肉类和鸡蛋是人类获取牛磺酸的主要来源。

## 茶氨酸

茶氨酸来源于绿茶，它能使人放松、保持平衡，并有真正的降压功效。这里的降压是指茶氨酸不仅能使人镇静，减轻心理压力，而且同时还可以降低血压。我们在唾液测试中发现，当人体内的皮质醇水平过高时，茶氨酸可以降低皮质醇水平，从而使皮质醇与脱氢表雄酮（DHEA）的比例保持平衡。茶氨酸还能增强多巴胺、GABA 和血清素的活性——当人处于焦虑状态下，这三种神经递质在其体内的含量会比较低。更重要的是，茶氨酸会让人产生 α 波状态，也就是我们在冥想和安稳入睡时的平静状态。

有人对茶氨酸与抗精神病药物联合应用于治疗精神分裂症和分裂

情感性精神病进行了研究。研究发现，茶氨酸不仅没有与治疗精神病的药物产生相互作用，而且还减轻了患者的妄想、出现幻觉、言语混乱和偏执等精神病症状。

**茶氨酸的剂量和毒性**

茶氨酸补充剂的剂量是每次 200 毫克，每日 1~2 次。茶氨酸补充剂对强迫症患者或者与焦虑症相关的高血压患者的疗效尤为明显，对慢性焦虑症的疗效也很好，但对情境性惊恐发作没多大帮助。此外，茶氨酸补充剂还可以作为一种用于治疗青少年多动症的睡眠辅助剂，剂量为 400 毫克。如果你有睡眠问题，而且前文提到的建议无法帮你解决睡眠问题，那你也可以试试服用该剂量的茶氨酸。

## 色氨酸和 5- 羟基色氨酸

色氨酸和 5- 羟基色氨酸（后面简称"5-HTP"）都有抗焦虑作用，这两种氨基酸可能是焦虑症天然疗法中最著名的氨基酸了。它们能够很自然地提高体内血清素的水平，而血清素是提升情绪的神经递质。在较易惊恐发作或者较易陷入低落情绪的人和抑郁症患者体内，色氨酸和 5-HTP 的水平通常较低。

SSRIs 可以通过破坏血清素的分解系统来控制体内血清素的水平，但色氨酸和 5-HTP 能够帮助身体在需要时制造更多的血清素。相比之下，色氨酸和 5-HTP 调节血清素水平的方式更自然、更好，原因在于两个方面：一是，身体本身对血清素水平的控制力更强，意味着副作用更少；二是，从长远来看，SSRIs 会耗尽体内储存的血清素，这就是为什么它们通常只能在一段时间内起效，在一年左右效果就不明显了，而色氨酸和 5-HTP 补充剂则没有这个问题。

尽管色氨酸和 5-HTP 被广泛使用，像我这样的自然疗法医生对它们的使用也给出了一些轶事报告，但针对它们的科学研究却少得惊人。一般情况下，药物都是先被科学研究证实，然后再被大面积推广应用的。关于这两种氨基酸的天然疗法的研究之所以少之又少，我猜想大概是因为它们无法用来申请专利和牟利——一旦有了可以申请专利和用来牟利的化合物药物，人们就没有动力去研究天然的、无法申请专利的药物了。这太糟糕了，因为非天然的药物存在明显的副作用，而天然的药物通常是没有副作用的。

在一个小型的双盲、安慰剂对照、交叉研究的试验中，试验人员要求 7 名患社交恐惧症的被试连续 12 周食用富含色氨酸的种子。当这些被试将这些种子与含有碳水化合物的食物混合食用后，报告结果显示他们的焦虑症状得到显著的缓解。1987 年的一项双盲安慰剂对照研究观察了 45 名焦虑症患者服用 5-HTP 和三环类抗抑郁药物安拿芬尼（Anafranil）的情况。与服用安慰剂的对照组相比，服用 5-HTP 和安拿芬尼的实验组结果显示，安拿芬尼在所有的焦虑症疗效评定量表上都显示出了显著的改善，5-HTP 的疗效和安拿芬尼差不多，对焦虑症有一定的疗效，对广场恐惧症和惊恐障碍疗效较好。

一项针对使用二氧化碳吸入刺激引发惊恐发作的研究观察了 24 名惊恐障碍患者和 24 名对照被试，实验组在挑战开始前的 1.5 小时内服用 200 毫克 5-HTP，试验结果显示，5-HTP 可以显著地减轻恐慌反应，而安慰剂组则没有这样的效果。结果真让人印象深刻！我在 20 多岁时曾出现过焦虑和恐慌问题，并尝试过应对二氧化碳吸入的挑战，那种感觉简直令人窒息。我可以负责任地告诉你，当你已经严重焦虑时，二氧化碳吸入挑战一点儿都不好玩儿。

### 色氨酸和 5-HTP 的剂量

虽然色氨酸持续作用时间更长，但 5-HTP 穿越血脑屏障的能力更强，因此被认为更有疗效。在实际应用中，5-HTP 的吸收率约为 70%，色氨酸的吸收率为 3%，因此 5-HTP 的使用剂量通常较少。说到这里，我发现对有些患者来说，使用 5-HTP 的效果更加明显，而另一些患者则从色氨酸中获益更多，所以你很可能需要两者都试一下，看看哪个更适合你。一般情况下，如果患者的焦虑症或惊恐症是在白天发作的，我建议其服用 5-HTP，剂量是每日 3 次，每次 100 毫克，同时避免与膳食和蛋白质来源食物同时服用，但可以与含有少量碳水化合物的食物（如苹果片或米饼）一同服用，这样被大脑吸收的效果最佳。如果患者连续两周按照这个剂量服用却仍不见效，在这种情况下，患者可以将用量增加一倍至 200 毫克，每日 3 次。对于有睡眠问题的患者，我建议在睡前服用 1000~2000 毫克色氨酸，这能很好地帮助患者维持入睡的状态。色氨酸和 5-HTP 的副作用也很不错，它们在缓解抑郁症的同时还有减轻体重的作用，因为它们似乎能够抑制大脑对碳水化合物的渴望。相比之下，许多 SSRI 药物的副作用恰恰相反，会导致患者体重增加，即使是停药后患者的体重往往也很难再降下来。

### 色氨酸与 5-HTP 的毒性

当患者根据病情程度服用相应的剂量时，色氨酸看起来是相当安全和有效的。约 20 年前，有很多关于色氨酸安全性的误导性信息。1989 年，一些患者在服用色氨酸补充剂后患上了嗜酸性粒细胞增多性肌痛综合征（EMS），引起严重的肌肉和关节疼痛、高烧、四肢肿胀、虚弱和呼吸短促，而且不幸的是，有超过 30 名患者因此而死亡。尽管最初都说色氨酸补充剂难辞其咎，随后色氨酸也被禁止在美国使用，但实际上是由于质量控制不佳而导致感染了污染物造成的——造成死亡的根本原因其实与色氨酸无关，罪魁祸首是一家没有生产补充剂业务资质的公司。今天，色氨酸又重新进入了市场，而且绝对没有毒性。可惜的是，我们仍然会在 WebMD 等网站上看到针对色氨酸产品的强烈警告。其背后的原因很可能是有大型制药公司在赞助 WebMD 网站，或者在该网站上投付了巨额的广告费用，它们之所以这么无所不用其极——哪怕这意味着需要散布误导性的虚假信息——都是为了说服消费者不要使用天然药物而是使用它们生产的药物。

还有一种更突出的说法，即色氨酸补充剂会增加血清素综合征的患病风险。出现这种情况的原因，一般是患者同时使用了多种 SSRI 类药物，或者在自然疗法之外还使用了 SSRI 类药物，从而导致体内血清素水平增高。血清素综合征的症状特征是患者感到严重的躁动不安、恶心和神志不清，可能还会出现幻觉、心跳加快、血压变化、感觉发热、协调性问题、过度反射和/或胃肠道问题（如恶心、呕吐和腹泻等症状），严重的情况下还可能会引起体温、血压的快速波动，导致精神状态发生改变，甚至导致昏迷。

而且，至于患者害怕服用这些补充剂后会出现血清素综合征，实在是言过其实，大可不必如此。一项针对四名老年患者的研究中报告出现了血清素综合征，根据推测，原因是两种抗抑郁药物曲马多（Tramadol）和瑞美隆（Remeron）之间发生了相互作用。尽管多种药物疗法（同时服用多种药物）可能会导致血清素综合征，但没有报告显示单独服用天然补充剂或与常规药物一同服用时会引起这种综合征。患者通过一起服用色氨酸和 SSRI 类药物治疗焦虑症，只要是按照规定的剂量谨慎用药，就没有副作用。当然，我始终建议你在服用某些天然补充剂之前将你的情况告知医生，并且观察是否出现过任何的血清素综合征症状。请在看医生时带上这本书，跟医生分享这个话题的相关研究。我曾用色氨酸和 5-HTP 治疗过许多患者，迄今为止还没有发现哪位患者出现过血清素综合征。

### 含有色氨酸和 5-HTP 的食物

所有含蛋白质的食物中都存在少量的色氨酸，如香蕉、火鸡（很多人可能会说火鸡会导致他们在感恩节期间嗜睡，但导致他们嗜睡的真实原因很可能是进食过量）、红肉、奶制品、坚果、种子、大豆、金枪鱼和贝类。而 5-HTP 没有食物来源，任何食物中都不含 5-HTP。

## 抗焦虑类草药

植物药，或称草药，被用来治疗疾病和缓解不适症状的历史已经有数千年了。我们的祖先从动物身上学会了使用草药，动物本能地倾向于使用不同的植物来解决不同的健康问题。至今，我们积累了数千年的草药使用轶闻，并且，大约自20世纪以来就有大量的针对草药的研究。

虽然许多传统医学的医生都谈草药色变，但我认为草药非常好。整体而言，草药不但有疗效，而且相当安全。常规药物很容易出现过量使用的情况，但草药就不太可能出现这种情况，因为它们含有的植物化学物质会以温和的迹象表现出来（如出现腹泻或胃痛），给患者发出警告，从而避免患者过量使用，而传统处方药物则不会发出警告信号。

尽管小心谨慎总不为过，但应该说明的是，根据科学研究和数千年的使用轶闻，草药的安全性有着良好的记录证明。根据南加州大学药学院（University of Southern California School of Pharmacy）的亚瑟·普赖斯（Arthur Presser）博士的说法，与处方药物甚至典型的日常事件相比，草药导致的死亡事件都是极为罕见的。他指出，正确使用处方药物导致的死亡率是1/333，而使用草药导致的死亡率仅为1/1 000 000。

### 各类情况导致的死亡率

- 心脏搭桥手术导致的死亡率是1/29。
- 医疗事故导致的死亡率是1/250。

- 正常服用药物导致的死亡率是 1/333。
- 车祸导致的死亡率是 1/5000。
- 中草药导致的死亡率是 1/1 000 000。

这些数字令人印象深刻，而且对比突显了草药的安全性。在今天这个数字世界，媒体似乎只喜欢报道这些"神秘植物"的危险性，忽略了草药的安全性，可能是因为这方面相对来说没什么吸引读者的地方。不过，对我的患者而言，草药并不神秘；相反，草药是他们宝贵的朋友。

## 印度人参

在本书中我们讨论了许多种草药，其中，印度人参（南非醉茄）作为草药的历史最长、最丰富。印度人参的英文单词"ashwagandha"的意思是"马的味道"。这个名字巧妙地说明了该药草在历史上的用途，赋予有蹄类动物力量和生命力，同时也暗示了它的味道并不太好闻。印度人参闻起来臭臭的，却是治疗焦虑症的良药。

印度人参非常适合用于治疗由压力大引发的病症。现代研究表明，印度人参对神经系统、帕金森病、炎症和生育等方面都有益处。一些研究表明，印度人参能够帮助逆转化疗引发的白细胞减少症（白细胞水平较低）。

尽管有许多针对动物的研究表明印度人参能够减轻焦虑，但直到最近才有研究证明它确实对人类的焦虑症也有帮助。这些研究显示，印度人参有助于降低压力等级和皮质醇水平，并对肾上腺增生（因长期压力导致肾上腺肿胀的情况）的治疗有益。印度人参还能改善女性由于精神压力过大而导致的脱发困扰，而且对于关注生育问题的男性来说，印度人参能够提升精子的抗氧化性，让精子更强大。

### 印度人参的剂量

一般情况下，印度人参的服用剂量是 300 毫克。一些研究人员认为印度人参的有效成分是醉茄内酯，其标准含量最高可达 5%，这意味着你服用的印度人参的总量的 5% 是醉茄内酯。我连续数月服用印度人参后，发现自己的睡眠变好了，对高压环境的反应弱化了。尽管大多数研究并没有发现印度人参有毒，但它出现过副作用，比如会使毛发过度生长，原因是印度人参会升高脱氢表雄酮（DHEA）的水平。不过，在我治疗过的数百名女性患者身上，这类情况还从未发生过。我见过一名老年患者在服用印度人参后出现了呕吐的副作用，因此，一些肠胃对印度人参比较敏感的人需要引起注意。

## 姜黄素

姜黄素，或称姜黄，是姜黄的一种化学成分。这种草本化合物在亚洲文化中有着数千年悠久而丰富的药用历史。今天，姜黄素因其抗癌特性、对神经系统的益处和消炎作用而广受赞誉。姜黄素能减轻消化道炎症，如溃疡性结肠炎、息肉形成和直肠炎。此外，姜黄素能促进大脑中的情绪中心生成新的神经细胞，同时还能促进去甲肾上腺素、多巴胺和血清素等抗焦虑物质的分泌。动物研究表明，姜黄素对压力较大的老鼠有显著的抗焦虑作用，其疗效可能是通过改变大脑中血清素的分泌来实现的。

**姜黄素的剂量及毒性**

如果你患有焦虑症和炎症（如皮疹、类风湿、结肠炎，或出现高炎症标志物，如 C 反应蛋白），那姜黄素可能是一个不错的选择。姜黄素提取物纯度在 90%~95% 之间，剂量是每次 250 毫克，每日 3 次。如果你的炎症情况比较严重，可以将剂量加倍。姜黄素很少出现副作用，但姜黄素补充剂可能会导致轻度胃炎或恶心。服用姜黄素的同时最好不要吃其他食物。

**卡瓦胡椒**

在西太平洋地区的文化中，卡瓦胡椒被广泛使用。卡瓦胡椒的英文单词"kava"直译过来是"醉人的胡椒"。确实如此，卡瓦胡椒有镇静神经的作用，不过不会让人在镇静的过程中感到困倦或意志不清。卡瓦胡椒具有良好的放松肌肉的作用。我们都知道，当肌肉不再处于紧张状态时，人就会感到平静。另外，研究表明它还可以提高多巴胺和 GABA 的水平。

在过去的 25 年里，有六项研究针对卡瓦胡椒对焦虑症的疗效进行了试验，发现卡瓦胡椒能够缓解焦虑症，对女性焦虑症患者尤为明显，而且患者年龄越小，疗效越显著。自 20 世纪 90 年代末以来，有许多对照试验针对卡瓦胡椒对焦虑症的疗效进行了研究。

科克伦研究小组（cochrane study group）是一个独立的跨国机构，致力于客观地研究医学研究的数据。该小组进行了一项被称为"元分析"的大型研究，对迄今为止有关某一主题的所有能找到的研究进行深入分析，以查看这些研究是否能相互印证，是否能为正在研究的内容提供一个清晰的说明。该机构进行的一项元分析研究了 11 个有关卡瓦胡椒的实验，共涉及 645 名被试。该元分析发现，与服用安慰剂组相比，服用卡瓦胡椒组结果显示卡瓦胡椒对焦虑症是有疗效的。大多数研究得出的结论是，当卡瓦胡椒被用作苯二氮类或三环类抗抑郁药物等抗焦虑药物的替代品时，患者个体遭受的副作用通常比较小；有两项研究没有显示出卡瓦胡椒的益处。不过，总体而言，大多数研究都显示卡瓦胡椒对焦虑症的治疗具有实质性的益处。

有人研究了卡瓦胡椒是否能帮助患者安全地戒断抗焦虑类药物。德国的一项研究对 49 名患者进行了为期五周的随机、安慰剂对照、双盲研究。在为期两周的第一个治疗周期内，患者服用的卡瓦胡椒剂量从每日 50 毫克增至 300 毫克，而服用的苯二氮卓类药物的剂量则逐渐减少。随后三周患者每日服用 300 毫克卡瓦胡椒或者安慰剂，不再服用任何抗焦虑药物。通过监测患者的安全性和戒断状态（头晕、焦虑、抑郁、睡眠问题等），研究人员发现卡瓦胡椒确实有助于患者安全地戒断抗焦虑类药物，效果明显比安慰剂更好。而且，卡瓦胡椒没有显示出任何的副作用。

**卡瓦胡椒的剂量和毒性**

在诊所里，我一般会建议患者从服用卡瓦酊剂开始，每日 3 次，每次 30 滴，这个剂量可以帮助患者放松身体，在肌肉紧张的情况下尤其有用。患者还可以把卡瓦酊剂滴入饮用的水中，或者用它泡茶。正如前面所提到的那样，卡瓦胡椒对年轻人和女性的疗效更为显著。卡瓦胡椒还能舒缓由焦虑导致的肌肉紧张。如果要戒断苯二氮卓类药物，那可以从每天服用 50 毫克卡瓦胡椒开始，逐渐把剂量增至 300 毫克，同时逐渐减少苯二氮卓类药物的用量，持续两周；第三周时，每天服用 300 毫克卡瓦胡椒，不再服用苯二氮卓类药物。

我所谈论过的所有研究都没有发现卡瓦胡椒具有毒性，一篇研究综述查阅了 465 项研究，得出了同样的结论。然而，2002 年出现了一些致命性肝病病例，导致美国食品药品监督管理局开始关注卡瓦胡椒。天然药物领域的专家对此进行了查验，发现这些疾病其实并非卡瓦胡椒所致，而是由于这些服用了卡瓦胡椒的患者同时服用了多种药物，并且/或者患有晚期肝病。鉴于德国和瑞士数百万人服用卡瓦胡椒的悠久的安全使用史，我也认为卡瓦胡椒不太可能是问题所在。

不过，为了安全起见，我建议肝病患者不要服用卡瓦胡椒，可以尝试本书中推荐的其他的天然弛缓药。尽管我还没有见过补充卡瓦胡椒会导致肝酶含量升高，但是如果你有顾虑，可以每个月让医生给你做一次肝酶检查。有趣的是，一些案例研究提到卡瓦会加剧焦虑的程度，我在我的诊室也见过一两次这样的情况，这就是所谓的矛盾效应。这说明我们要尊重个体的独特性，每个人都是独一无二的，正所谓

"甲之蜜糖，乙之砒霜"。

## 薰衣草

如果你闻过薰衣草的味道，那你可能已经知道它的香气会让人感到放松和镇定，这可能是对薰衣草最贴切的描述了。难怪几千年来人们一直把薰衣草当作抗焦虑药草！虽然薰衣草有着很长的使用史，但直到最近现代医学才开始研究它对焦虑症的治疗功效。

在一项随机对照实验中，80名女性被试每天用薰衣草精油沐浴，结果发现这些女性患者的情绪得到了改善，攻击性变弱，并且对未来的前景更加乐观。在一项双盲研究中，研究者将一种叫作西莱辛（Silexan）的薰衣草油凝胶与一种用于治疗广泛性焦虑症的药物劳拉西泮进行比较，结果发现约有40%的服用薰衣草凝胶的患者病情出现了好转，而只有27%的服用劳拉西泮的患者病情有所改善，而且服用薰衣草的患者没有出现任何副作用。另一项针对221名焦虑症患者的多中心研究也显示，服用薰衣草速释胶囊制剂组的疗效明显优于服用安慰剂组。虽然两项研究似乎都站得住脚，但这些研究的几位作者都是薰衣草补充剂公司的雇员，因此薰衣草的疗效还需要有其他的独立研究来证实。我亲眼见过薰衣草凝胶对大多数患者都是有疗效的，但并非对每个患者都有效。

### 薰衣草的剂量及毒性

我推荐患者使用在上面研究中使用过的薰衣草油速释凝胶，剂量为 80 毫克，或者将薰衣草精油滴入泻盐浴中。另一种选择是使用薰衣草酊剂，每次 30 滴，每天 3 次，加入适量的水中，或滴入稀释的果汁中，然后喝掉。你还可以将 1~2 茶匙的薰衣草浸泡在适量的水中，制成可口的薰衣草镇静茶。薰衣草茶对治疗由紧张引起的胃部不适尤其有效。目前已知薰衣草是无毒的，但有一些研究表明，服用薰衣草会轻微地促进年龄较小的男孩体内雌激素的分泌，因此我建议避免给 13 岁以下的男孩使用薰衣草。当我尝试薰衣草凝胶时，会打出含淡淡的薰衣草香味的嗝，令人愉悦，少数服用薰衣草的患者也有这种体验。

**鳘豆**

如果你是一名爵士乐迷，你就可能知道作曲家兼歌手梅尔·托梅（Mel Tormé），他被其歌迷称为"天鹅绒雾"，而鳘豆被称为"天鹅绒豆"。鳘豆是一种来自印度的草药，有着悠久丰富的使用历史。虽然鳘豆有两千多年的使用记录，但现代医学对它进行研究和将其用于情绪障碍的治疗才刚刚开始。

鳘豆中含有相当多的能够提振情绪的神经递质多巴胺，比已知的任何其他含有多巴胺的食物中的含量都要高。多巴胺也被称为动机神经递质。帕金森病患者体内的多巴胺处于较低的水平，而且有三项独立的研究发现，当患者每天服用 45 克鳘豆（相当于 1500 毫克左右的 L- 多巴胺）后，他们的症状得到明显的改善。

较高的多巴胺含量对同时患有焦虑症和抑郁症的患者有益，而且黧豆补充剂似乎对这些症状都有帮助。如果你感到焦虑，同时缺乏动力，或者安非他酮（Wellbutrin）之类的药物对你有效果（安非他酮能够提升多巴胺水平），那么黧豆可能会对你有疗效；相反，如果利培酮（Risperdal）这种会阻断多巴胺分泌的药物对你有效，那你最好远离"天鹅绒豆"，补充锂盐可能会对你更有帮助，因为锂能温和地降低多巴胺的含量。

**黧豆的剂量及毒性**

你可以从每天服用 200 毫克黧豆开始，两周后将剂量增至一日两次，每次 200 毫克，这样的黧豆剂量相当于 120~240 毫克的 L-多巴胺。在临床实践中，我发现惊恐发作患者体内的多巴胺水平通常比较低，而焦虑症患者则不是很低。如果你无法确定自己的多巴胺水平是否过低，又不希望症状恶化，那你可以循序渐进地服用黧豆草药。实际上，我强烈建议患者在服用黧豆补充剂的同时去看看自然疗法医生，或者其他见多识广、熟谙多种疗法的医生。

黧豆可能会引起腹胀或恶心。患者在服用黧豆的同时应避免使用抗凝血（血液稀释）药物。此外，患有多囊卵巢综合征（PCOS）的女性患者在服用黧豆后，其体内睾酮的分泌可能会增加，从而导致病情恶化。另外，还有病例报告显示，有患者因服用黧豆而出现严重的呕吐、心悸、入睡困难、幻想或意识模糊的情况。正如我之前说过的那样，为了安全起见，建议患者在服用这种特殊的植物药物之前，咨询对这类草药比较了解的医生。

## 西番莲

西番莲是我最喜欢使用的抗焦虑草药之一，因其独特的镇静作用而闻名于世。如果你有持续性过度思考和不断反复纠结的经历，大脑中的焦虑感变得严重，那么西番莲很适合你。那些说自己大脑正在"旋转和摇摇欲坠"的患者在服用西番莲后效果很好。我发现 20 多岁的年轻人时常因对生活感到迷茫而焦虑，西番莲对这类年轻人很有帮助。在拉丁语中，西番莲的意思是"热情的化身"，正如其名，西番莲的确能帮人们集中精力，掌控自己的生活。我多么希望自己在 20 多岁时就知道这一点！

就像天然的阿普唑仑一样，西番莲中含有生物碱和黄酮类化合物，能够影响大脑中的苯二氮卓受体。2007 年的一项针对 198 人的研究表明，西番莲可以起到与苯二氮卓类药物相同的作用。一项针对 36 名广泛性焦虑症患者进行的双盲、安慰剂对照研究，比较了西番莲和苯二氮卓类药物劳拉西泮对焦虑症的疗效。尽管劳拉西泮起效更快，但二者的疗效是一样的，而且西番莲的副作用更少。另一项研究观察了 60 名在手术前一个半小时服用西番莲的患者，发现他们对手术的焦虑程度要低很多，也没有不良的术后副作用或与麻醉剂的交互作用。在一项多中心、双盲、安慰剂对照的综合医疗研究中，182 名患有焦虑症和调节障碍的患者服用了西番莲和其他几种草药，包括山楂（对心脏有好处）和缬草（对焦虑引起的睡眠问题有好处），该研究结果表明西番莲对患者还有其他的积极功效。

### 西番莲的剂量及毒性

西番莲可以作为茶饮用,或以胶囊、片剂或是液体酊剂的形式服用。我通常给患者开的是西番莲酊剂,剂量为每日 3 次,每次一滴管(大约 30 滴),倒入少许水或茶中。

就目前已知的信息,当患者按照常规剂量和形式服用西番莲时,西番莲是无毒的。但在一项研究中,患者确实出现了轻微的头晕、嗜睡和神志不清的征状。因为西番莲有使人镇静的作用,所以我不建议将它与酒精混用。关于西番莲的处方,最好向自然疗法医生或其他熟悉草药和药物组合的从业医师咨询。目前还没有关于孕妇或哺乳期妇女使用西番莲的研究。另外,不要给六个月以下的孩子使用西番莲。

### 红景天

与菲尼布特一样,红景天在俄罗斯也有悠久的使用历史;与印度人参一样,红景天也有帮助缓解身体紧张的使用历史。红景天具有生理调节作用,当体内的压力荷尔蒙水平过高时,它可以降低其水平;当体内的压力荷尔蒙水平过低时,它又可以升高其水平。因而,对于那些昼夜节律失调的患者来说,红景天是一种完美的草药。动物实验表明,红景天具有抗焦虑和抗抑郁的双重功效。有趣的是,跟本书中谈到的很多其他补充剂一样,红景天似乎不像是天然的苯二氮卓类药物,反而更像是一个具有神经保护作用的整体压力系统平衡器。

加利福尼亚大学的研究人员给 10 名广泛性焦虑症患者每天服用

340毫克红景天，持续10周。到了第十周，被试的焦虑症状大幅度减轻。在一项来自亚美尼亚的研究中，患者服用了340毫克或更高剂量的红景天，研究结果同样说明红景天具有抗焦虑的作用。这项研究发现，虽然所有其他的焦虑参数都有所升高，但自尊这一参数只在每天摄入1340毫克红景天的情况下才会出现提升。既然自尊是很有价值的（如果不是一切的话）情绪参数，那么服用1340毫克以上剂量的红景天是值得尝试的。

**红景天的剂量及毒性**

建议患者从每天340毫克剂量开始，如果情况没有改善，可以每两周增加一次剂量，但最高剂量不要超过1340毫克。患者按照上述剂量（包括1340毫克）服用红景天没有出现任何副作用。

**圣约翰草**

希波克拉底用圣约翰草治疗焦虑症和抑郁症，圣约翰草是有史以来被研究最多的植物药草。圣约翰草在拉丁语中的意思是"鬼魂之上"，因为这种植物被认为能够驱鬼避邪。

我在所著的另一本书《抑郁的真相》(*How Come They're Happy and I'm Not?*)中深入探讨了圣约翰草对抑郁症的惊人疗效。圣约翰草对治疗抑郁症非常有效，甚至连美国精神病学协会（American Psychiatric Association）也承认它"可能被认为"是可以代替药物治疗的——这简直就是美国心理学协会（APA）推崇的天然药物了。

尽管大多数医生认为圣约翰草是"天然的 SSRI",但其作用却比 SSRI 类药物要大得多。一方面,圣约翰草有点像温和的 SSRI 类药物,具有较少的副作用;另一方面,它还可以保护神经系统,增强甲状腺的功能,平衡血糖含量和神经递质水平,并且能升高 GABA 水平。圣约翰草的功效不仅体现在对大脑有益,还体现在对整个身体都有益。

圣约翰草在对抑郁症的疗效方面得到了很好的研究,最新的研究开始发掘其抗焦虑能力。在一项动物实验中,研究人员给患有糖尿病的老鼠喂食圣约翰草,结果发现,这些老鼠的焦虑和抑郁行为出现了最大程度的弱化。一项研究显示,绝经后的妇女服用圣约翰草后焦虑症状有所减轻,而在另一项 60 人参与的研究中,研究结果没有发现圣约翰草具有缓解强迫症的作用。

### 圣约翰草的剂量和毒性

圣约翰草通常以 900~1800 毫克的标准提取物的胶囊剂量给药,每天分为两剂或三剂。一般情况下,我建议患者选择含 0.3% 的复合金丝桃素的圣约翰草制剂。对于焦虑性抑郁症(同时患有抑郁症和严重焦虑症)患者来说,圣约翰草是最佳选择。虽然目前我还不清楚圣约翰草是否对焦虑症本身有疗效,但如果其他选择对你不起作用,那么圣约翰草值得一试。

虽然从副作用的角度来看圣约翰草是相当安全的,但唯一令人担忧的是,它会显著改变其他药物的效果——无论是好是坏。有两项研究表明,圣约翰草可以促进抗凝血药物波立维(Plavix)更好地发挥作用——在一些患者身上，圣约翰草有助于低剂量的波立维发挥作用，从而使患者避免了高剂量的波立维可能带来的副作用。

更令人担忧的是，圣约翰草可能会与很多药物产生负面的相互作用。众所周知，它与避孕药的效果相冲突——我的嫂子在服用避孕药片的同时还在服用圣约翰草，结果她怀了双胞胎，也因此我有了两个很可爱的侄子。尽管圣约翰草与避孕药相互作用的结果最终对我们整个家庭来说是令人愉快的，但它的确说明了，如果你正在服用其他药物，那你在开始服用圣约翰草之前有必要咨询一下医生或药剂师。此外，一些服用抗病毒药物的艾滋病患者在服用圣约翰草后也出现了光敏反应。

## 补充剂总结图表

补充剂总结图表详见表 7–1 至表 7–5。

表 7–1　　适用于所有焦虑症类型的几种常见补充剂

| 补充剂 | 最适用症状 | 常用剂量 | 副作用 | 毒性、禁忌、相互作用 | 食物来源 |
| --- | --- | --- | --- | --- | --- |
| 复合维生素 | 广泛性焦虑症 | 根据药瓶上的剂量服用 | 暂无 | 暂无 | 蔬菜、水果 |
| 鱼油 | 焦虑症，体内 C 反应蛋白水平较高 | 每日 1 次，每次 2 克；相当于含 1000 毫克的 EPA 和 800 毫克的 DHA | 可能会导致胃酸倒流 | 无毒；如果对鱼类过敏，请慎用；如果同期服用抗凝血类药物，请慎用 | 鱼类 |

续前表

| 补充剂 | 最适用症状 | 常用剂量 | 副作用 | 毒性、禁忌、相互作用 | 食物来源 |
|---|---|---|---|---|---|
| 益生菌 | 广泛性焦虑症和抑郁症 | 含有4~80亿个生物的嗜酸乳杆菌和乳酸双歧杆菌胶囊，每日1~3次 | 暂无 | 暂无 | 纳豆、韩国泡菜、味噌、酸菜 |

表 7-2　　维生素补充剂

| 补充剂 | 最适用症状 | 常用剂量 | 副作用 | 毒性、禁忌、相互作用 | 食物来源 |
|---|---|---|---|---|---|
| 维生素 $B_3$ | 惊恐障碍、焦虑症、强迫症，与色氨酸同时服用有助于保持睡眠状态 | 每日3次，每次100毫克 | 暂无 | 长期使用应预防性监测肝酶水平；可能会提高色氨酸的效力；避免服用抗惊厥药物 | 鸡肉、火鸡、牛肉、肝脏、花生、葵花籽、蘑菇、牛油果、绿豌豆 |
| 维生素 $B_6$ | 焦虑症和抑郁症 | 每日1次，每次25~50毫克；与镁类补充剂合用时效果最好 | 每天服用200毫克或以上可能会导致可逆性的四肢刺痛和/或疲劳 | 避孕类药物会降低维生素 $B_6$ 水平 | 甜椒、菠菜、土豆、香蕉、萝卜叶 |
| 维生素 $B_{12}$ | 焦虑症和抑郁症；有助于治疗难治性抑郁症 | 每日1次，每次1毫克 | 如果服用时间过迟，则可能会引起失眠 | 二甲双胍可以降低维生素 $B_{12}$ 水平 | 鲷鱼、牛肝、鹿肉、虾、干贝、鲑鱼、牛肉 |

续前表

| 补充剂 | 最适用症状 | 常用剂量 | 副作用 | 毒性、禁忌、相互作用 | 食物来源 |
|---|---|---|---|---|---|
| 叶酸 | 抑郁症和难治性抑郁症 | 每日1次，每次400~1000微克，或者5~15毫克（用于治疗难治性抑郁症） | 暂无 | 服用氨甲蝶呤治疗癌症时避免使用；避免使用癫痫类药物；可以帮助抗抑郁类药物更好地发挥作用 | 菠菜、芦笋、生菜、萝卜叶、芥菜、牛肝、羽衣甘蓝、菜花、西兰花、欧芹、扁豆、甜菜 |
| 肌醇 | 可能最适用于惊恐障碍 | 每日1次，每次6~18克 | 轻微胃部不适 | 暂无 | 大多数蔬菜、坚果、小麦胚芽、啤酒酵母、香蕉、肝脏、糙米、燕麦片、未精制的糖蜜、葡萄干 |
| B族维生素复合物 | 适用于非焦虑症患者缓解日常压力；用于缓解抑郁症和焦虑症症状；当半胱氨酸水平较高时，可降低其水平 | 每天服用含40毫克维生素$B_6$和1.2毫克维生素$B_{12}$的甲钴胺，以及2克的叶酸（L-甲基四氢叶酸形式） | 高水平的维生素$B_6$可能引起可逆性的神经病症状 | 暂无 | 蔬菜、粗粮、豆类 |

表 7-3　　　　　　　矿物质补充剂

| 补充剂 | 最适用症状 | 常用剂量 | 副作用 | 毒性、禁忌、相互作用 | 食物来源 |
|---|---|---|---|---|---|
| 甘氨酸镁 | 睡眠问题、焦虑症 | 每日2次，每次250毫克 | 对甘氨酸镁敏感的患者可能会出现大便稀疏的症状 | 暂无 | 无 |
| 牛磺酸镁 | 抑郁症、焦虑症 | 300~700毫克；或者将两杯泻盐倒入浴缸 | 对牛磺酸镁敏感的患者可能会出现大便稀疏的症状 | 肾脏疾病或者腹泻患者慎用 | 无 |
| 铬 | 适用于与低血糖或高血糖相关的焦虑症或抑郁症 | 每日200~600微克，分次随餐服用 | 推荐剂量下暂无未知副作用 | 注意监测使用糖尿病类药物的患者的血糖降低情况 | 无 |
| 硒 | 适用于由甲状腺功能低下或T3水平较低引起的焦虑症或抑郁症 | 每日1次，每次100~200微克 | 剂量大于400微克可能引起皮肤炎症、脱发和指甲变脆的症状 | 暂无 | 金枪鱼、肉、鱼、坚果（尤其是巴西坚果）、大蒜 |
| 锂 | 焦虑症或抑郁症，尤其是能够从催产素相关治疗（如按摩）中获益的患者 | 每日5~20毫克的元素锂 | 普通剂量的补充剂无毒性；高剂量服用会导致肌肉无力、食欲不振、轻度冷漠、震颤、恶心和呕吐 | 导致肾功能受损 | 无 |

续前表

| 补充剂 | 最适用症状 | 常用剂量 | 副作用 | 毒性、禁忌、相互作用 | 食物来源 |
|---|---|---|---|---|---|
| 锌 | 适用于难治性抑郁症和肠漏；有助于提升免疫系统，改善皮肤 | 每日2次，每次15毫克；肠漏患者请服用锌肌肽 | 空腹服用或对锌敏感的患者可能会引起恶心 | 大剂量（每天超过150毫克）服用会引起呕吐和食欲不振；长期服用可能会耗尽体内的铜，所以如果服用时间超过两个月，建议每天服用一次2毫克的铜，如果血铜水平较高，则无此需要 | 无 |

表 7-4　　　　氨基酸补充剂

| 补充剂 | 最适用症状 | 常用剂量 | 副作用 | 毒性、禁忌、相互作用 | 食物来源 |
|---|---|---|---|---|---|
| 左旋肉碱或乙酰左旋肉碱 | 抑郁症、焦虑症；用于提升老年人的认知能力；以及产后焦虑症 | 用以提升血清肉碱含量，每天服用两次、每次500~1500毫克的左旋肉碱；为提升血清肉碱含量和认知水平，则服用1~3克乙酰左旋肉碱 | 暂无 | 有助于预防抗惊厥药物的缺乏 | 牛肉、鸡肉、火鸡、猪肉、羊肉、鱼 |

续前表

| 补充剂 | 最适用症状 | 常用剂量 | 副作用 | 毒性、禁忌、相互作用 | 食物来源 |
|---|---|---|---|---|---|
| γ-氨基丁酸（GABA） | 焦虑症、失眠症 | 每天最多3次，每次100~200毫克，不要随餐服用；在4个小时内服用的剂量不应超过1000毫克，在24小时内服用的剂量不应超过3000毫克 | 头晕、困倦 | 服用较高剂量时偶尔会出现瘀伤和出血的情况 | 绿茶、红茶和乌龙茶以及发酵食品，如酸奶、燕麦、全谷物、糙米 |
| 菲尼布特 | 焦虑症、失眠症 | 每日1次，每次300~900毫克，用于焦虑症或预期压力较大的情况 | 头晕、困倦 | 避免长期服用（需要每两周停止服用一次）；可能会上瘾 | 无 |
| 甘氨酸 | 焦虑症、预期惊恐状态 | 每日1次，每次5~10克（1~2茶匙），或在压力出现之前服用；可以与西番莲混合使用 | 暂无 | 使用前请先咨询医生是否存在肝脏或肾脏疾病，若患有此类疾病，需服用较高剂量；可能对精神分裂症有益 | 鱼、肉类、豆类、乳制品 |
| 赖氨酸和精氨酸 | 适用于由压力导致的焦虑症 | 每日2次，每次2~3克，不要随餐服用 | 较高剂量（20~30克）的精氨酸可能会引起腹泻 | 有I型疱疹或心脏病发作病史的患者禁止使用精氨酸 | 坚果、红肉、菠菜、扁豆、全谷物、巧克力、鸡蛋、海鲜、大豆 |

续前表

| 补充剂 | 最适用症状 | 常用剂量 | 副作用 | 毒性、禁忌、相互作用 | 食物来源 |
|---|---|---|---|---|---|
| N-乙酰半胱氨酸（NAC） | 用于治疗强迫症、拔毛症（拔毛癖）和赌博成瘾；有助于治疗躁郁症；有助于治疗鼻窦充血症状 | 每日2~3次，每次500~600毫克 | 偶尔会出现头痛或胃部不适的症状 | 可以辅助利培酮治疗易怒症状 | 高蛋白食品（肉类、豆腐、鸡蛋、乳制品）可转化生成半胱氨酸 |
| 磷脂酰丝氨酸（PS） | 用于治疗焦虑症和抑郁症；适用于皮质醇长期处于过高或过低状态的患者，以及长期承受较大压力的人群 | 每日分次、空腹服用200~800毫克；最好与必需脂肪酸（如ω-3）一起服用 | 暂无 | 可能会升高肝酶水平 | 动物内脏（肝脏和肾脏）、鲭鱼、鲱鱼、金枪鱼、蛤蜊、白豆 |
| 牛磺酸 | 适用于由于能量不足和心血管问题引发的焦虑症 | 每日服用3次，每次500毫克的牛磺酸镁 | 头痛、恶心、流鼻血、暂时性平衡失调 | 可能会降低血压；服用抗高血压药物的患者需要监测血压 | 肉类、蛋类 |
| 茶氨酸 | 适用于长期思绪不受控制或者有强迫性思维的焦虑症 | 每日1次，每次200~400毫克，不要随餐服用 | 暂无 | 可能会增强某些化疗的效果 | 绿茶 |

续前表

| 补充剂 | 最适用症状 | 常用剂量 | 副作用 | 毒性、禁忌、相互作用 | 食物来源 |
|---|---|---|---|---|---|
| 色氨酸 | 适用于难以保持睡眠状态的患者 | 每日1次，每次500~2 500毫克，不要随餐服用，但可以搭配一种高血糖指数的简单碳水化合物 | 晨间出现睡意 | 暂无，有研究显示，当和百忧解一起使用时并未出现交互作用；与SSRI类药物和三环类抗抑郁药物一起使用时，需监测血清素综合征 | 南瓜子、香蕉和火鸡中含有少量的色氨酸 |
| 5-羟基色氨酸（5-HTP） | 焦虑症，尤其是广场恐惧症和惊恐障碍；以及伴有社交焦虑或恐慌情绪的抑郁症 | 每日3次，每次100~200毫克，空腹服用；若有可预见性的惊恐发作，可在发作前的一个半小时服用200毫克5-HTP | 恶心，偶尔会出现呕吐的症状 | 可能会增强腹泻症状；与SSRI类药物和三环类抗抑郁药物一起使用时，需监测血清素综合征 | 无 |

表 7-5　　　　　　　　　　中草药补充剂

| 补充剂 | 最适用症状 | 常用剂量 | 副作用 | 毒性、禁忌、相互作用 | 食物来源 |
|---|---|---|---|---|---|
| 印度人参（南非醉茄） | 慢性焦虑症、脱发、精子数量少 | 每日1~2次，每次300毫克（醉茄内酯含量不低于1%~5%） | 部分患者出现呕吐和胃部不适症状 | 女性患者要注意头发过度生长和脱氢表雄酮（DHEA）水平升高 | 无 |

续前表

| 补充剂 | 最适用症状 | 常用剂量 | 副作用 | 毒性、禁忌、相互作用 | 食物来源 |
|---|---|---|---|---|---|
| 姜黄素 | 炎症、肠漏、抑郁症，以及有助于治疗焦虑症 | 每天服用1次剂量为1000毫克的BCM-95形式的姜黄素，不要随餐服用 | 极少数患者会出现恶心和胃部不适症状 | 暂无。有人研究过姜黄素同氟西汀和丙咪嗪联合使用对焦虑症的疗效 | 姜黄香料 |
| 卡瓦胡椒 | 焦虑症，尤其适用于肌肉紧张的焦虑患者和同时患有间质性膀胱炎的女性患者；用于戒断苯二氮卓类药物 | 卡瓦酊剂的剂量是每日2~3次，每次在水或茶中滴入30滴；卡瓦胡椒提取物的剂量是400毫克，每日1次 | 小部分患者的焦虑症状出现了反常性增强 | 肝病患者应避免使用 | 无 |
| 薰衣草 | 焦虑症，尤其适用于一紧张就出现胃部不适症状的患者 | 薰衣草油速释凝胶的剂量为80毫克；制作薰衣草茶的剂量是往每杯茶中加入1~2茶匙的薰衣草；薰衣草酊剂的剂量是每次30滴，每日3次；晚上泡澡时可在浴缸中滴入薰衣草精油，或者睡觉时在枕头上滴一些薰衣草精油 | 可能会打含薰衣草香味的嗝 | 有人研究过薰衣草与SSRI类药物和三环类药物联合使用对抑郁症的疗效 | 无 |

续前表

| 补充剂 | 最适用症状 | 常用剂量 | 副作用 | 毒性、禁忌、相互作用 | 食物来源 |
|---|---|---|---|---|---|
| 鳘豆 | 由焦虑引起的抑郁症，尤其适用于对多巴胺增强药物反应良好的患者；对一些惊恐发作的患者也有好处 | 从每天服用200毫克鳘豆提取物的剂量开始，两周后增至每天服用两次，每次200毫克 | 腹胀和恶心；高剂量可能会导致呕吐、心悸、入睡困难、幻想或意识模糊 | 最好在专业人员的监督下使用鳘豆。避免同治疗帕金森病的药物和抗凝血药物同期使用；患有多囊卵巢综合征（PCOS）的女性患者禁止服用鳘豆；如果同期在服用抗抑郁药物，请咨询医生 | 无 |
| 西番莲 | 焦虑症，广泛性焦虑症 | 每日3次，每次一滴管（大约30滴）的液体酊剂 | 小概率会出现轻微的头晕、嗜睡和神志不清的症状 | 不要与酒精混合使用；如果同期在使用镇静剂，请咨询专业医师；避免同期使用单胺氧化酶抑制剂类抗抑郁药物 | 无 |
| 红景天 | 适用于焦虑症，广泛性焦虑症和抑郁症；有助于缓解倦怠感和提升自尊感 | 每日1次，每次340~1340毫克，其中络塞维的标准含量是1% | 可能会出现口干和头晕的症状 | 暂无 | 无 |

续前表

| 补充剂 | 最适用症状 | 常用剂量 | 副作用 | 毒性、禁忌、相互作用 | 食物来源 |
| --- | --- | --- | --- | --- | --- |
| 圣约翰草 | 抑郁症、伴有焦虑的抑郁症、绝经后抑郁症；可能有助于降低糖尿病患者的血糖含量 | 按照含 900~1800 毫克的标准提取物的胶囊剂量给药 | 出现光敏反应 | 可能增强或减弱许多种会受色素细胞 P450 系统影响的药物的有效性；增强氯吡格雷（波立维）的功效 | 无 |

## 抗焦虑顺势疗法

"顺势疗法"这一术语来源于希腊语"homeo"（意为"相似"）和"pathos"（意为"患病"）。该疗法成本较低、安全，是一种通过改变患者的基本能量模式来治愈疾病的疗法。大众很难相信顺势疗法，也很容易对其产生怀疑，因此，对于那些不相信"替代医学"的人来说，顺势疗法是一门经受了最严格的审查的自然医学。

无论你相信与否，顺势疗法在欧洲和印度有着长达 100 多年的成功医疗史。18 世纪末期，医学博士塞缪尔·哈内曼（Samuel Hahnemann）提出了顺势疗法，而有趣的是，与哈内曼博士同名的美国宾夕法尼亚州哈内曼医学院（Hahnemann Medical School）从 20 世纪 20 年代起就停止了顺势疗法的教学。当时美国医学协会（American Medical Association）正在逐步地将顺势疗法淘汰出局，最初是从城镇开始淘汰，最后整个美国都不再运用顺势疗法了。

顺势疗法是一种补充疗法，其原理是在用量极小或者被无限次稀释的情况下，药物会带给人体生理方面的改变。尽管美国医学协会希望废除任何与自然医学相关的疗法，但到19世纪下半叶，顺势疗法还是在继续发展，并且还突出重围获得了认可。顺势疗法疗效显著，使用范围覆盖欧洲、亚洲和北美等地区。如今，顺势疗法在印度和德国被广泛认可和接受，跟传统医疗方法一起用于治疗疾病。

关于顺势疗法类药物对情绪的治疗方面的研究十分有限。迄今为止，关于顺势疗法对焦虑症和抑郁症的疗效最强有力的一个实验研究是美国杜克大学在1997年进行的，该研究对12名患有严重抑郁症、社交恐惧症或惊恐障碍的成年被试进行了药物治疗。在研究中，研究人员采用顺势疗法来治疗这些门诊患者，或者当患者经传统疗法治疗后效果不佳，便会在医生的推荐下转而接受顺势疗法。开给患者的顺势疗法处方是根据他们的症状表现来确定的，治疗时间为期7~8周，总治疗反应率为58%，恐惧症的治疗反应率为50%。因为这是一个非控制性试验，所以很难真正知晓该疗法的效果到底如何。该研究得出的结论是，顺势疗法"可能对轻度至重度的情感障碍患者和焦虑症患者有治疗作用"。尽管对顺势疗法的疗效还没有确定的描述，但2005年的一项独立研究综述肯定了该疗法的价值。

2013年，有研究人员进行了一项随机、双盲、安慰剂对照研究，该研究观察了一些生活压力较大的女性在服用一种综合性的顺势疗法药物组合后的反应和状态。在研究的前14天，40名女性被试连续每天服用三片顺势疗法的组合药片，这些药片的成分包含钩吻、西番莲、咖啡和藜芦等。在研究的第 15 天，被试在早晨到达研究地点后服用了三片顺势疗法的药片组合，然后接受唾液皮质醇、血浆皮质醇、肾上腺素、心率，以及焦虑、压力和不安全感程度评估。虽然治疗组和安慰剂组之间的皮质醇水平没有差异，但是接受顺势疗法的患者的睡眠质量更好，肾上腺素水平更低。该研究最终得出的结论是，顺势疗法有助于调节急性应激期间和睡眠障碍期间的神经内分泌应激反应。

杜克大学的韦恩·乔纳斯（Wayne Jonas）是美国国立卫生研究院替代医学办公室的前负责人，也是一位使用自然药物和顺势疗法的传统医学医生。乔纳斯和他的团队对 25 项、共有超过 1431 名被试接受了顺势疗法的研究进行了元分析研究。乔纳斯研究团队发现，顺势疗法对纤维肌痛和慢性疲劳综合征等身体疾病的治疗有益，但似乎对焦虑症和压力并没有显著的积极作用。从对其他精神类疾病的治疗效果来看，顺势疗法的效果是混合的，疗效参差不齐。

正如我们所看到的，当使用传统参数研究顺势疗法时，我们会得到一个混合的结果，其中部分研究结果表明顺势疗法是有效的。当我们使用整体性和系统性更强的标准来研究顺势疗法时，得到的结果很可能会更好。目前，尚不清楚顺势疗法是否会对你有用，不过临床经验告诉我，顺势疗法是相当安全的，所以你值得一试。

**顺势疗法药物的剂量**

一种相对简单、效价强度较低的顺势疗法方案是患者每 6~12 小时服用一剂 30X 或 30C（其中，X 为 10 倍的稀释度，C 为 100 倍的稀释度）的顺势疗法药物，并在接下来的一周内关注症状的变化。一旦患者的症状出现好转就立即停止用药；如果症状没有出现改变，可以考虑换一种治疗方案；如果患者在服用任何剂量的药物后症状都加重了，此时无论加重的程度有多轻微，都应考虑换一种方案。

**几种常用的顺势疗法药方**

我在下面列出了几种我最常使用的治疗焦虑症的顺势疗法药方①，你可以看看其中是否有药方适合你的情况。关于适用下列药方的描述不一定方方面面都符合你的情况，但只要你的症状跟药方适用的描述大体吻合就行。如果你对顺势疗法感兴趣，则可能需要购买一本有关顺势疗法的药物学论著，研读顺势疗法治疗方案，了解更多细节。你还可以考虑咨询有资质的顺势疗法医生。

**乌头草**

- 恐慌和焦虑的症状突然发作。
- 体温过高/发烧。
- 有时感觉自己快要死了。
- 心跳加速。
- 受到巨大惊吓。

---

① 以下药方均为顺势疗法药方，有毒药物经过特定的技术稀释，患者不应擅自直接服用，而应遵医嘱服用。——译者注

### 硝酸银（Argentum Nitricum）

- 广泛性焦虑症。
- 慢性焦虑。
- 头晕。
- 长期忧虑。
- 恐高症。
- 心悸。

### 砷酸（Arsenicum Album）

- 缺乏安全感。
- 担心被抢劫或财产安全。
- A 型性格——缺乏耐心，习惯打断被人，走路快，说话快。
- 完美主义者，对自我和他人通常有着难以满足的期望。
- 苛刻。
- 粗鲁。
- 喜欢有人陪伴。
- 喜欢温暖的天气，在温暖的天气感觉更好。
- 气短。

### 碳酸钙

- 惧怕变化。
- 因身体疾病而感到不堪重负。
- 害怕失去控制。
- 害怕昆虫等动物。
- 容易出汗，尤其是在吃饭和工作时。

- 感到寒冷、呆滞，容易疲劳。
- 在露天和户外会感觉更好，待在沉闷的空间症状会变严重。
- 想吃富含脂肪的食物和鸡蛋。

### 粗咖啡

- 失眠焦虑。
- 躁动不安，精神激动。
- 不停歇的大脑。
- 不能耐受出其不意的惊喜。
- 不擅长忍受疼痛。
- 有神经痛的倾向。
- 躺着感觉更好。
- 在夜间，在有异味、有噪音的情况下，疼痛或焦虑的症状会加剧。

### 钩吻草

- 恐惧症。
- 演出焦虑症引起的肌无力。
- 整体性疲劳。
- 肌肉颤抖。
- 潮热。

### 吕宋果

- 情绪波动和焦虑。
- 更年期焦虑症。
- 喉咙有肿胀感，感觉胸闷。

- 失眠（或睡眠过多）、头痛以及腹部和背部出现痉挛性疼痛。
- 经常叹气或打哈欠。

### 卡利砷（Kali Arsenicosum）

- 焦虑，尤其是担心自己有心血管问题。
- 夜间症状加重，不想睡觉。
- 怕冷。
- 睡觉的时候喜欢把双手搭在心脏上方。

### 磷酸钾

- 感到非常焦虑，已经不堪重负。
- 容易受到惊吓或恐惧。
- 高度敏感。
- 易怒，因焦虑而感到精疲力竭。
- 担心自己有神经衰弱。
- 担心坏事会发生在自己身上。

### 石松

- 低自尊和低自信。
- 容易在人前感到焦虑。
- 缺乏自信，可能会通过说过多的话来弥补。
- 喜欢甜食。
- 有胃胀气或胃部不适的情况。
- 小时候出现过尿床的情况。

## 氯化钠

- 焦虑时寡言少语，不爱说话。
- 形单影只。
- 焦虑时感到胸口疼痛。
- 容易受伤。
- 容易记恨他人。
- 会同情他人但不会提供帮助。
- 偏头痛。
- 失眠。

## 磷

- 害怕孤独，独自一人时容易感到焦虑，孤独感会加重焦虑感。
- 喜欢有人陪伴。
- 喜欢社交，比较讨喜。
- 想象力极其丰富。
- 容易受到异味和噪音的影响。
- 喜欢待在冷一点的环境里。

## 白头翁

- 天真烂漫。
- 喜欢依赖他人，会因为焦虑而哭鼻子。
- 希望有人安慰。
- 经前、经期疼痛。
- 黏液分泌过多（鼻液、阴道黏液）。

### 二氧化硅

- 因过度敏感而感到恐惧。
- 出现新任务或新情况时容易感到焦虑。
- 骨架瘦小，骨质疏松。
- 脆弱。
- 认真负责，勤劳。
- 体质弱，容易因劳累而生病。

### 藜芦

- 情绪低落，感到焦虑（焦虑性抑郁症）。
- 有一种崩溃感。
- 感觉冷漠。
- 可能出现强烈的呕吐。
- 不舒服时容易出汗。
- 易受潮湿或寒冷天气的影响。
- 经常感到饥饿。

## 停药策略

与服用任何会成瘾的药物一样，患者一旦开始服用抗焦虑药物，就很难停下来，他们的大脑和身体会对这些药物产生依赖，而且戒断药物的过程几乎不可能是一帆风顺的。对于服用抗抑郁类药物和抗焦虑类药物的患者来说，"停药综合征"（实际上是戒断的医学术语）是一个巨大的挑战。停药综合征的症状很多，患者可能会出现抑郁、焦虑、精神错乱、烦躁不安、头昏眼花、缺乏协调能力、睡眠问题、发作性哭泣以及视力模糊等情况。

如果你曾考虑过或者尝试过停药，但由于副作用或原始症状的复发而没有成功，请不要担心——在这里我为你准备了一个方案。

## 第1步：不要擅自停药

我知道这听起来有点匪夷所思，但请耐心听我解释。尽管我帮助了很多人成功地摆脱了焦虑，但我并不了解你的个人情况。别说你是我一无所知的陌生人了，就算你是我的家人、朋友或者熟悉的患者，我也会给你同样的忠告：医生在给你开处方时需要确保你已经做好了度过药物戒断期的心理准备，让你即使不吃药也能进行正常的生活。因此，我希望你能找一个对你的个人情况比较了解的医生，他们能较好地判断你的症状是否已经稳定，并且在你停药的过程中继续为你提供指导。请不要擅自停药——一些患有严重焦虑症的患者实际需要服药的时间比他们自认为的时间要长。而且，一些患有精神疾病（如精神分裂症或双相情感障碍）的患者，在没有考虑清楚停药利弊的情况下，就不应该停药。因此，请和给你开处方的医生确认自己已经做好停药的准备。

说到此，有些患者可能会说："可是我没办法和医生谈这些。"如果你觉得自己和开处方的医生关系不够好，那就尝试去找其他医生，要找一个你愿意与他沟通的医生。要相信健康和胜利就在眼前，在曙光到来之前你需要给自己找一个值得信任的医生。有很多精神科医生和传统医学医生都很温和，富有爱心。有时你可能要和医生交流好几次之后才能确定他是不是这样的医生，但不要紧，相信你终究会找到一个适合自己的医生。

### 第2步：进行自然疗法

本书的治疗方法涵盖了饮食、改善生活方式、舒缓压力、改善睡眠、补充营养、尝试植物药等多个方面。如果你没有好好研究这些疗法，并在日常生活中尽可能付诸实践，那你的情况可能很难出现好转，会继续需要药物的帮助，你甚至不会产生停药的想法。正常情况下，对于这些自然疗法，你至少应该坚持实践四个月。我发现，患者通常是在几个月之后才会产生停药的想法。这表明此时他们心理和身体上出现了转变，可以安全地进入停药期了。这种心理和身体上的转变并不总是很容易察觉，但你是能感觉到的。我一般会建议患者，即使在按照医生的治疗方案治疗了一段时间后感觉到身体或心理出现了这种转变，也还要再多等一两个月开始停药，以确保自己的情况是真的好转了，并且自己的确可以开始停药了。

### 第3步：服用对戒断过程有帮助的补充剂

在这一步中，我列出了几种补充剂来帮助患者加快体内神经递质分泌的速度。这样做的总体思路是给患者服用氨基酸和草药类补充剂，帮助患者的情绪最终恢复至平衡的状态。

表 7-6 左列是患者即将戒断的药物，对应的右列是服用氨基酸和草药类补充剂的方法。在患者进行药物戒断的过程中，这些补充剂能帮助患者的身体自行生成神经递质，帮助神经系统和激素系统保持平衡的状态，从而使患者真正地戒掉对药物的依赖，戒药成功。

表 7-6　　　　　　　　与戒断药相对应的补充剂

| 如果你准备停止服用下列药品 | 尝试下列方法至少两个月，同时在医生的帮助下逐渐减少药物用量 |
| --- | --- |
| **SSRI 类药物**：西酞普兰、艾司西酞普兰、氟西汀、帕罗西汀、舍曲林<br><br>**阿扎哌隆类药物**：丁螺环酮 | 1. 在开始戒断处方药的前一个月，每天开始服用 50 毫克 5-HTP 和 300 毫克圣约翰草 1 次，持续一周。如果你需要同时服用圣约翰草和其他药物，请务必在服用之前咨询医生。一周之后，将 5-HTP 和圣约翰草的剂量增至每日 2 次，持续三周<br>2. 然后，在处方医生的指导下缓慢地开始戒断药物。戒断过程至少需要 8~12 周的时间，而且戒断速度取决于你服用的药物以及服用剂量。我一般建议患者最好把戒断过程延长至医生所开处方中用药时间的两倍<br>3. 如果你在戒断期出现了诸如头痛、心动过速、恶心、睡眠问题或者焦虑等症状，可以增加 5-HTP 和圣约翰草的剂量，每天服用三次 50 毫克 5-HTP 和 300 毫克圣约翰草。如果症状没有出现好转，那你可能需要在 1~2 周内继续服用药物，直到症状消退，然后重新开始戒断<br>4. 当你可以完全停药时，继续按照当前的剂量服用 5-HTP 和圣约翰草补充剂，持续至少一个月时间。然后，每周服用的剂量都在上一周的基础上递减。这样进行 4~6 周后，患者基本上就可以不用再服用 5-HTP 和圣约翰草了。如果患者在减量服用 5-HTP 和圣约翰草的过程中出现了某些戒断症状，则需要加回这两类补充剂的剂量，维持无戒断症状两周再逐渐继续减量。注意不要减太快，要循序渐进 |

续前表

| 如果你准备停止服用下列药品 | 尝试下列方法至少两个月，同时在医生的帮助下逐渐减少药物用量 |
|---|---|
| 苯二氮卓类药物：劳拉西泮、阿普唑仑、氯硝西泮、氯拉卓酸、氯氮卓、地西泮、奥沙西泮、替马西泮 | **卡瓦**<br>患者在戒断苯二氮卓类药物时，前两周每天服用 1 次卡瓦，剂量从 50 毫克逐渐增至 300 毫克；后三周，服用卡瓦的剂量保持在 300 毫克，每日 1 次<br>**缬草**<br>考虑到睡眠情况，患者可以在开始戒断苯二氮卓类药物的前两周服用缬草，每日 3 次，每次 100 毫克。当戒断完成后，继续按照这个剂量服用缬草。两周后将剂量减少至每日一次，持续一周 |

## 第八章

# 向焦虑发起挑战

> **案例：肖恩**
>
> 肖恩第一次来找我是在他31岁那年，当时他患有广泛性焦虑症，很害怕离开家乡纽约长岛。考虑到他的焦虑情绪可能与其长期存在的消化问题有关，我给他做了一些消化测试，测试结果发现他患有肠漏症。我向肖恩推荐了本书第五章中提到的草药、食物和冥想的方法。经过大约两个月后，他的焦虑程度得到了极大的缓解。虽然他感觉好多了，内心也平静了不少，但他还是无法完全摆脱焦虑。通过对肖恩的焦虑史的了解，我发现他似乎不太习惯于离开熟悉的地方，他对此比较敏感。尽管我认为他的情况有所好转，但他的这种恐惧心理似乎已经成了一种根深蒂固的习惯，难以摆脱。这种心理使他无法进行正常的社交生活，他目前上班的地方离家比较近，他总是担心如果有一天他失业了，那他将无法去其他地方工作了。

我和肖恩一起制订了一个克服焦虑的计划。肖恩把所有出城的路线和方式都一一考虑到了。除了开车，他还考虑了步行和骑自行车出城；除了独自一人出城，他还考虑了和家人一起出城的情况。我们以 1~10 分的等级让肖恩给以上出城场景分别打分，分数从低到高，表明场景造成的焦虑感逐渐递增，10 分代表最让人焦虑的出城场景。于是，肖恩开始一条接一条地尝试这些路线，确保每条路线自己都走过，每个场景都体验过，直到找到焦虑感较低的路线和场景。

肖恩发现，如果他在出门前半小时服用一茶匙甘氨酸和一点西番莲酊剂，他的焦虑感就能缓解不少。为了克服自己的这种出门焦虑，肖恩付出了很多努力，做了很多尝试。现在，他可以去任何想去的地方。

肖恩的故事说明，对于某些患者来说，即使最初导致焦虑的身体问题得到了改善，焦虑感也可能依然继续存在。我由衷地为肖恩和其他成功战胜焦虑和恐惧的患者感到骄傲，他们敢于直面自己的问题，努力改变让自己变得焦虑的想法。

在第二章中，我们讨论了引入新的想法、识别负面信息、改变这些信息以及"像佛教徒一样思考"的重要性，以便重新构建令你焦虑的想法。书中第三章至第七章详细地介绍了改善身体和整体健康状况所需要的条件：睡眠、锻炼、营养、消化、血糖、心身疗法和补充剂。如果你已经按上面所说的去做了，那你大可放心，你的身体会拥有良好的支撑，这将会使你能够面对恐惧和焦虑，并以最好的方式前进。如果你出现的是一般性的焦虑问题，那么本章的内容可能对你来说不是那么重要，你只需按我们前面已经讨论过的方案那样去做，并给予自己充足的时间让这些方案能够充分发挥作用，从而消除你的焦虑；但如果你患有情境性焦虑症、孤独焦虑症、广场恐惧症或惊恐障碍，那么你就有必要阅读本章的内容了。

在当今世界，我们对待焦虑和恐惧的方法大体相同：忽略、逃避，或者通过药物消除这些感觉。实际上，这些方法只会让恐惧、焦虑和恐慌不断地持续下去，并且传达出这样一个信息：这些感觉太可怕了，难以处理，只有逃避和对它们视而不见，我们才能感觉好些。但实际上，这样做只会加重焦虑的程度，从而进一步摧毁我们的美好生活。

实际上，你具备所需的一切条件——你可以成为最勇敢的人。你知道自己将要前进的方向。你将会感到恐惧，并怜悯和疼惜自己，尽管如此，你仍然会继续去做你想做的事情。一旦你做到了，你将会感到无比的振奋，感觉自己和世界产生了联系。

## 第1步：把你恐惧的事情罗列出来

如果开车对你来说是个难题，那你需要创建一个清单，列出所有令你害怕的驾驶场景，可能包括行驶在让你感到害怕的路线上，害怕坐车，或者害怕和汽车距离太近，等等。列出清单后按照 1~100 分的等级对这些场景评分，100 分意味着该场景让你感到最恐惧，1 分表示该场景令你恐惧的程度最低。例如：

- 在辅路上开车——65 分；
- 在家门前的街道上开车——25 分；
- 坐在行驶的车里——10 分；
- 在大型桥梁上开车——100 分；
- 坐在一辆行驶的车的副驾驶位置——40 分；
- 在公路上开车——85 分；
- 在家乡小镇的主要街道上开车——45 分。

将上面的场景按照引起焦虑情绪的程度从弱到强的顺序排列：

- 坐在行驶的车里——10 分；
- 在家门前的街道上开车——25 分；
- 坐在一辆行驶的车的副驾驶位置——40 分；
- 在家乡小镇的主要街道上开车——45 分；
- 在辅路上开车——65 分；
- 在公路上开车——85 分；
- 在大型桥梁上开车——100 分。

假设你有广场恐惧症，想想那些可能会让你感到焦虑的情况。下面是一位广场恐惧症患者列出的恐惧场景清单：

- 和喜欢的人一起在后院的泳池里游泳——8 分；
- 和喜欢的人一起逛超市——20 分；

- 在外面跑步并感觉心跳加速——25分；
- 独自一人去看治疗师——35分；
- 独自一人去超市——40分；
- 白天独自一人在家——60分；
- 独自一人在泳池里游泳——70分；
- 开车送女儿去学校——75分；
- 晚上独自一人待在家——95分。

## 第2步：体验恐惧，每次体验一件让你害怕的事

所有的进步都有意义。

汤姆·彼得斯（Tom Peters）

现在你可以开始直面恐惧了，这是一趟回归自我的旅程。你将不再逃避恐惧，而是和恐惧硬扛到底。我希望你能多怜悯和疼爱自己，因为大多数时候，当我们感到焦虑时，我们总是讨厌自己，为自己感到羞愧。这一次，就让恐惧的感觉来帮我们唤醒对自己的爱和接纳。直面恐惧，将会使我们获得新的勇气。

美国心理学博士苏珊·杰弗斯（Susan Jeffers）写了一本很棒的书，书名为《惧动力：拓展自我的根本力量》(Feel the Fear And Do It Anyway)。这本书的英文名直译意为"感受恐惧，并且不管怎样都要去做"，传达了该书的主要思想，即你知道自己会感觉到并且即将感觉到恐惧，但是它无法阻碍你实现目标。运动史上的一个最伟大的时

刻是穆罕默德·阿里（Muhammad Ali）与拳王乔治·福尔曼（George Foreman）的搏斗。是的，拳王乔治·福尔曼就是那个著名烧烤炉品牌"拳王炙烤炉"的那个拳王。当时乔治·福尔曼囊获了重量级冠军的头衔，而穆罕默德·阿里非常渴望获此殊荣。在他俩交锋搏斗的时候，所有人都认为福尔曼是不可战胜的，阿里看起来快不行了。阿里艰难地挥了几轮拳，精疲力竭。当福尔曼向他发起猛烈攻击时，阿里似乎一度卡在了角斗场的绳子上。甚至连阿里自己的场角指导都认为阿里大势已去，福尔曼也知道阿里倒下认输只是时间问题。然而，就在第七回合，当福尔曼连续对阿里出击时，阿里抬起头对他说："乔治，这就是你全部的伎俩吗？我还以为你很厉害呢！让我看看你有多厉害，更用力地打我吧！"

阿里让福尔曼精疲力竭，无比沮丧。福尔曼意识到他已经把全部招数都用在了阿里身上，但阿里却似乎永远不可能倒下。最后，阿里用一记组合拳击晕了福尔曼，几次右拳出击后，福尔曼重重地倒在了地上。

阿里假装自己快不行了，诱使对手陷入一种虚假的安全感，放松警惕，然后用所谓的"倚绳战术"一举击败对手。同样地，你也要站出去，直面恐惧，打几拳，然后向自己的焦虑发起挑战："焦虑，这就是你全部的伎俩吗？我还以为你很厉害呢！让我看看你有多厉害，更用力地打我吧！"

当你直面焦虑的时候，请大声喊出这些话。你心里清楚，焦虑已经用尽全力折磨过你了，而你仍然好好地在这里——而且以后你只会越变越好。

要摆脱生活中的焦虑感，你可以从最简单的事情开始，制定一个流程表并且着手解决它。对于害怕开车的人来说，最简单的解决办法就是坐在行驶的汽车里，让自己逐渐习惯开车的感觉。如果你很久没开车了，把钥匙插进车门这件事对你来说都可能会变得很可怕。对于广场恐惧症患者来说，可以和身边的人一起去后院的泳池游游泳，或者沿着街区散散步，这些都是不错的尝试；对于患有社交焦虑症的人来说，一开始可以独自做些事情，这样感觉会更好。让我们感到焦虑的情况各不相同。对于我来说，车里有其他人比独自一人开车更让我感到焦虑，因此我们有必要制定一个个性化的解决焦虑的流程表。

需要注意的是，这里要选择那些对你来说有点吓人但又不至于过度恐惧的事情。当你挑战像阿里面对乔治·福尔曼那种程度的焦虑时，你会感觉到恐惧，并且知道是自己的大脑在制造这种恐惧感，而恐惧并不会真正地伤害你，这一点至关重要。请记住，无论发生什么事情，都会过去的。在你恢复平静之前不要有提前撤退的想法，这种想法是在告诉身体那件事确实非常可怕，需要躲避，这会进一步加重焦虑感。如果你保持前进的步伐，保持平静，你就会知道一切都在自己的掌控之中。永远记住，重要的是走出去并且进行尝试，无论最终结果如何，你每向前迈出一步都是一次成功。打败焦虑指日可待，你迟早会成功地摆脱焦虑。

如果你不太相信自己已经准备好接受挑战，那请你阅读下一个步骤，给自己更多的支撑和帮助。

## 第3步：服用补充剂，以帮助克服恐惧

在给许多患者做治疗时，我还建议他们在开始攻克清单上的任务时，搭配服用一些抗焦虑的补充剂。我最喜欢的补充剂组合是一茶匙（5克）甘氨酸和30滴西番莲，把它们倒入少量的水中，在你打算采取行动做恐惧清单上的事情前半个小时服用。这一补充剂组合能帮你更好地适应恐惧——在这些补充剂的帮助下，你更容易感受到恐惧并且克服它。对于那些有强烈焦虑感的患者，我建议在挑战焦虑前半个小时内服用300~600毫克菲尼布特。菲尼布特有助于"缓和"恐惧感，从而让患者更容易克服恐惧，而不是通过压抑患者对恐惧的感觉来应对恐惧。

正如我们所知道的，医生通常会给患者开一些抗焦虑药物（如阿普唑仑和劳拉西泮）来抑制患者的应激反应。我们的做法与此完全不同。天然补充剂是温和的，而且根据我治疗患者的经验，我发现补充剂不会抑制人的情绪，它有助于减缓焦虑，让你去感受能唤起你对自己的爱与怜悯的焦虑和恐惧，让你了解自己最勇敢的那一面。渐渐地，最后你无须服用补充剂也可以面对恐惧。那会是一种很棒的感觉。

**总结清单**

在浏览需要挑战的任务清单时，请检查一下你的想法，而且睡眠、饮食、运动、补充剂和心身疗法都能为你所用，为你助力，单靠从某一个方面出击来打败焦虑是远远不够的，而是要从多方面入手。

表 8-1 是一个总结清单，供你在挑战那些让你焦虑和恐惧的事情时使用。请记住，表 8-1 中的每一项都是帮助你减轻焦虑的关键，不要忽视其中任何一项，它们可以协同工作，帮你克服焦虑。

表 8-1　　　　需要挑战的任务总结清单

- ☐ 带给我新想法的书籍。
- ☐ 我的睡眠时间表。
- ☐ 我的运动计划表。
- ☐ 我的进餐时间表（少食多餐）：
  - 早餐：_____；
  - 零食：_____；
  - 午餐：_____；
  - 零食：_____；
  - 晚餐：_____；
  - 零食：_____；
  - 我应该尽量多吃的健康食物：_____；
  - 我应该尽量少吃的食物：_____。
- ☐ 我的冥想时间表。
- ☐ 我的心身疗法计划。
- ☐ 我要服用的基础补充剂：
  - 复合维生素；
  - 鱼油；
  - 益生菌。
- ☐ 我的抗焦虑补充剂（针对我的个人需要选择补充剂）。
- ☐ 勇敢面对恐惧的计划：
  - 列出让我恐惧的事物的清单；
  - 一次体验一种恐惧；
  - 如果有必要，可以服用一点补充剂帮助自己稳定情绪。

Put Anxiety Behind You: The Complete Drug-Free Program
ISBN: 978-1-57324-630-9
Copyright © 2015 by Peter Bongiorno

Put Anxiety Behind You: The Complete Drug-Free Program was originally published in English in 2015. This translation is published by arrangement with Conari Press through Andrew Nurnberg Associates International Ltd.

Simplified Chinese edition copyright ©2022 by China Renmin University Press Co., Ltd.

China Renmin University Press Co., Ltd is responsible for this translation from the original work Conari Press shall have no liability for any errors, omissions or inaccuracies or ambiguities in such translation or for any losses caused by reliance thereon.

All rights reserved.

本书中文简体字版由 Oxford University Press 通过安德鲁授权中国人民大学出版社在中华人民共和国境内（不包括香港特别行政区、澳门特别行政区和台湾地区）出版发行。未经出版者书面许可，不得以任何方式抄袭、复制或节录本书中的任何部分。

**版权所有，侵权必究**